绿色建筑技术与
施工管理研究

曹延国　著

哈尔滨出版社
HARBIN PUBLISHING HOUSE

图书在版编目（CIP）数据

绿色建筑技术与施工管理研究 / 曹延国著. –– 哈尔
滨：哈尔滨出版社, 2024.5
ISBN 978-7-5484-7963-5

Ⅰ.①绿… Ⅱ.①曹… Ⅲ.①生态建筑 – 建筑施工 –
施工管理 – 研究 Ⅳ.①TU74

中国国家版本馆CIP数据核字(2024)第110916号

书　　名：绿色建筑技术与施工管理研究
　　　　　LÜSE JIANZHU JISHU YU SHIGONG GUANLI YANJIU

作　　者：曹延国　著
责任编辑：张艳鑫
封面设计：王丹丹

出版发行：哈尔滨出版社（Harbin Publishing House）
社　　址：哈尔滨市香坊区泰山路82-9号　　　邮编：150090
经　　销：全国新华书店
印　　刷：玖龙（天津）印刷有限公司
网　　址：www.hrbcbs.com
E－mail：hrbcbs@yeah.net
编辑版权热线：（0451）87900271　87900272

开　　本：710mm×1000mm　 1/16　 印张：16.5　 字数：220千字
版　　次：2024年5月第1版
印　　次：2024年5月第1次印刷
书　　号：ISBN 978-7-5484-7963-5
定　　价：88.00元

凡购本社图书发现印装错误，请与本社印制部联系调换。
服务热线：（0451）87900279

随着社会经济、科技的发展以及人们生活水平的不断提高,资源短缺和环境污染将成为这个时代所面临的主题。从可持续发展的角度出发,绿色生态建筑愈来愈受到人们的青睐。同时,我们也要清醒地看到,我国建筑业生产方式仍然相对落后,资源利用效率不高,能耗、物耗巨大,污染排放集中,建筑废弃物再利用率很低。因此,以现代科学技术和管理方法改造建筑业,实现建筑业的转型升级,是广大建设工作者的迫切任务。

绿色施工是在国家建设"资源节约型、环境友好型"社会,倡导"循环经济、低碳经济"的大背景下提出并实施的。绿色施工从传统施工中走来,与传统施工有着千丝万缕的联系,又有很大的不同。绿色施工紧扣国家循环经济的发展主题,抓住了新形势下我国推进经济转型、实现可持续发展的良好契机,明确提出了建筑业实施节能减排降耗、推进绿色施工的发展思路,对于建筑业在新形势下提升管理水平、强化能力建设、加速自身发展具有重要意义。开展绿色施工,为我国建筑业转变发展方式开辟了一条重要途径。绿色施工要求在保证安全、质量、工期和成本受控的基础上,最大限度地实现资源节约和环境保护。推行绿色施工符合国家的经济政策和产业导向,是建筑业落实科学发展观的重要举措,也是建设生态文明和美丽中国的必然要求。

本书是一本关于绿色建筑技术与施工管理方面研究的书籍。全书首先对绿色建筑及施工的基本理论进行简要概述,介绍了绿色施工的概念、绿色建筑与绿色施工、绿色建筑评价等内容;然后对绿色建筑技术的相关问题进行梳理和分析,包括绿色建筑室内外环境控制、绿色建筑节材技术、绿色施工的综合技术与应用等方面;并在绿色建筑智能化的应用上也有一定探讨。本书论述严谨,结构合理,条理清晰,内容丰富,其能为当前绿色建筑技术与施工管理相关理论的深入研究提供借鉴。

　　本书参考了大量的相关文献资料,借鉴、引用了诸多专家、学者和教师的研究成果,其主要来源已在参考文献中列出,如有个别遗漏,恳请作者谅解并及时和我们联系。本书写作得到很多专家学者的支持和帮助,在此深表谢意。由于能力有限,时间仓促,虽经多次修改,仍难免有不妥与遗漏之处,恳请专家和读者指正。

目录

第一章　绿色建筑及施工概述

第一节　绿色施工

"绿色建筑"的"绿色",并非一般意义上的立体绿化、屋顶花园或建筑花园的概念,而是代表一种节能、生态概念或象征,是指建筑对环境无害,能充分利用环境的自然资源,并且在不破坏环境基本生态平衡条件下建造的一种建筑。因此,绿色建筑也被很多学者称为"低碳建筑""节能环保建筑"等,其本质都是关注建筑的建造和使用及对资源的消耗和对环境造成的影响最低,同时也强调为使用者提供健康舒适的建成环境。

由于各国经济发展水平、地理位置和人均资源等条件不同,在国际范围内对于绿色建筑的定义和内涵的理解也就不尽相同,存在一定的差异。

一、绿色建筑的概念

（一）绿色建筑的几个相关概念

1.生态建筑

生态建筑,也称为绿色建筑或可持续建筑,是指在建筑的设计、施工及运营过程中,充分考虑环境保护、节能减排和生态平衡,力求减少对自然环境和人类健康的不利影响。这种建筑方式着眼于资源的有效利用,包括节能材料的使用、太阳能、雨水回收、废物利用等,旨在创造出既环保又舒适的居住和工作环境。

生态建筑不仅仅是一种建筑技术或设计理念的革新,它更代表了一种对未来可持续生活方式的探索和实践。在全球气候变化和能源危机日益严峻的当下,生态建筑显得尤为重要。它通过减少能源消耗和碳排放,保护生态环境,为解决环境问题提供了一种有效的途径。

在实践中,生态建筑注重建筑与自然环境的和谐共生,强调自然采光、通风以及建筑材料的环境友好性。通过对建筑的生命周期进行全面考虑,生态建筑旨在实现经济、社会、环境三方面的可持续发展。随着科技进步和社会意识的提高,生态建筑的理念和技术正在不断发展完善,逐步成为建筑行业的重要趋势。

2. 可持续建筑

《可持续发展设计指导原则》这本书详细阐述了建立可持续建筑设计的具体规范,并明确提出了六大特征。首先,强调了设计时要充分考虑到所处地理位置的特性和地域文化,以此保留并延续当地的文化遗产。其次,提升了公众对于采用适当技术的认识,确保这些技术既简便又适应建筑的功能需求。第三点,倡导了对建筑材料进行循环利用的观念,鼓励使用本地的可再生材料,并尽可能地回收和重用旧建筑材料,同时避免使用那些有害环境和健康的材料。第四,依据当地气候状况实施被动式能源利用方案,最大限度地利用可再生能源。第五,优化建筑空间的灵活性和减少建筑规模,以降低对资源的需求。最后一点,减少建造过程中对自然环境的伤害,包括避免破坏生态、浪费资源和材料。这六大特征共同构成了可持续建筑设计的核心,旨在推动建筑行业向着更加环保、节能、可持续的方向发展。

3. 绿色建筑和节能建筑

绿色建筑和节能建筑两者有本质区别,二者从内容、形式到评价指标均不一样。具体来说,节能建筑符合建筑节能设计标准这一单项要求即可,节能建筑执行节能标准是强制性的,如果违反则面对相应的处罚。绿色建筑涉及六大方面,涵盖节能、节地、节水、节材、室内环境和物业管理。绿色建筑目前在国内是引导性质,鼓励开发商和业主在达到节能标准的前提下做诸如室内环境、中水回收等项目。

（二）我国对"绿色建筑"的定义

《绿色建筑评价标准》定义了绿色建筑为：在建筑的整个生命周期内，最大化地节省资源（包括节能、节地、节水和节材），保护环境和减少污染，同时为人类提供一个健康、舒适及高效的生活空间，实现与自然的和谐共存。这一定义凸显了绿色建筑涵盖的三个基本元素和它们所带来的三大效益。

首先，绿色建筑强调"全寿命周期"的观念。这意味着从建筑项目的起始规划、设计阶段，到施工、使用、维护，乃至最终拆除，各阶段的管理和决策都是相互联系和制约的，形成了一个完整的生命周期管理系统。此理念要求在保障建筑性能、质量、寿命和成本的前提下，优先考虑建筑的环境特性，以预防污染、节约资源。设计时的考虑不仅限于短期内，而是覆盖了建筑物的全生命周期，包括确保施工对环境影响最小，运营阶段提供健康舒适的空间，以及拆除后的材料能够最大限度地回收利用。

其次，中国的绿色建筑评价体系和指标体系详细规定了绿色建筑的评价标准。这套指标体系涵盖了节地与室外环境、节能与能源利用、节水与水资源利用、节材与材料资源利用、室内环境质量、施工管理和运营管理等七个方面，全面覆盖了建筑物从规划、设计、施工到运营和回收的各个阶段。每个指标下分为多个子项，建筑按照满足的子项数量被评定为三星级、二星级或一星级绿色建筑。这种评价体系不仅反映了绿色建筑的全面性，也为建筑的绿色转型提供了具体的操作指南和评价标准。

二、施工原则与要求

（一）施工的原则

1.减少场地干扰、尊重基地环境

在建筑施工领域，减少施工对场地的干扰并尊重基地环境已成为现代建筑实践中的重要原则之一。这种做法不仅体现了对环境的关怀和保护,还有助于提升建筑项目的可持续性,确保长期与自然环境的和谐共处。实现这一目标,需要在项目的规划、设计、施工等各个阶段综合考虑和采取具体措施。

首先,在施工前期的规划与设计阶段,应充分考虑到场地的自然条件和生态特征,比如土壤类型、地形、水文条件、植被分布等。通过精确测量和评估,可以识别出需要保护和保留的自然元素,从而在设计上避免或最小化对这些元素的干扰。例如,设计时尽量避免大规模的地面平整和植被破坏,设计施工路线和布局时考虑最小化对土地的破坏。

在施工准备阶段,施工团队应制定详细的环境保护计划,包括土壤侵蚀控制、水资源保护、噪音和灰尘污染控制等措施。例如,可以设置围挡和沉淀池,以减少施工活动对周围环境的影响,同时对施工现场的排水系统进行合理规划,避免造成水土流失和对周边水体的污染。

施工过程中,采取适当的施工技术和方法也至关重要。例如,选择低噪音的施工设备,合理安排施工时间,以减少对周围居民生活的影响;采用现场混凝土搅拌站和预制构件,可以减少现场施工产生的噪音和灰尘。此外,施工期间要严格控制施工车辆的行驶路线和速度,以减少对场地和周边环境的干扰。

施工现场的废弃物管理也是减少环境影响的重要方面。通过分类收集、回收利用和合理处置建筑废弃物,不仅可以减少对环境的污染,还能提高资源的利用效率。例如,将建筑垃圾分类回收,可再生材料如钢铁、木材可以重新利用,而不可再生材料则应按照环保要求进行处置。

最后,在施工完成后,应对施工活动可能造成的环境破坏进行修复。比如,对被破坏的土壤进行改良,重新种植被破坏的植被,以恢复生态环境,确保建筑项目与周边自然环境的和谐共生。

综上所述,通过在施工前期规划设计时考虑环境因素,施工过程中采用环保施工技术和方法,以及施工后对环境进行修复,可以有效减少建筑施工对场地的干扰,尊重并保护基地环境,实现建筑项目的环境可持续发展。

2.施工结合气候

在建筑施工项目中,结合当地气候条件进行施工是提高工程效率、保障施工安全以及促进可持续建筑实践的重要方面。通过考虑和适应各种气候因素,施工团队可以更有效地规划和实施施工活动,同时减少气候对工程进度和质量的负面影响。

首先,施工计划的制定需要充分考虑当地的气候特征,如温度变化、降水量、风力情况以及季节性气候特点等。例如,在高温或极寒的气候条件下施工,需要特别注意材料的选择和施工技术,以防材料性能因极端气温而受损。此外,降雨季节可能会影响施工进度,因此需要提前做好排水规划和防水措施,避免雨水造成的施工延误和结构损害。

在高温天气施工时,应采取避暑降温措施,保护施工人员的健康,避免中暑事故的发生。同时,高温还可能影响某些建筑材料(如混凝土)的固化过程,因此需要调整施工方案,比如选择在较凉爽的时间施工或使用适应高温条件的特种材料。

在冬季或寒冷地区施工,则需要采取保温措施和使用防冻材料。冬季施工常见的问题包括材料冻结、设备启动困难等,这些都需要通过提前规划和采用适当的技术措施来解决。例如,使用加热设备保证混凝土在适宜的温度下固化,或者选择适合低温操作的建筑材料和施工方法。

在风力较大的地区施工,需要特别注意施工安全,尤其是在进行高空作业或使用塔吊等大型设备时。强风可能导致设备不稳定,增加安全风险。因此,施工计划中应包括风险评估和应急预案,以应对突发的强风天气。

针对季节性气候变化,施工团队应灵活调整施工计划和工作安排,利用气候条件的有利时段进行关键施工活动,同时为不利天气条件做好准备,确保施工进度和质量。

最后,结合气候条件的施工不仅关注于应对气候带来的挑战,还应充分利用气候资源。例如,在阳光充足的地区,可以利用太阳能进行施工现场的照明和电力供应,既节能环保,又减少了对传统能源的依赖。

综上所述,建筑施工过程中结合当地气候条件进行施工,需要综合考虑气候因素对施工安全、材料性能及施工效率的影响,并采取适应性措施,以保证施工质量和进度,同时促进环境的可持续发展。

3.绿色施工要求节水节电环保

绿色施工是当前建筑行业推崇的一种高效、环保的施工方式,它注重在建筑的设计、施工和后期运营中最大程度地节约资源和保护环境。实现绿色施工的核心目标之一是节水节电,这不仅体现了对自然资源的珍惜,还有助于减少施工过程中的能耗和环境污染,促进可持续发展。

节水是绿色施工中的重要方面。施工现场可通过多种措施实现节水目标。首先,施工前应进行水资源评估,制定合理的用水计划,确保用水效率最大化。在施工过程中,采用节水型施工设备和技术,比如使用闭环循环水系统、雨水收集和利用系统等,可以显著减少用水量。此外,施工现场的水使用管理也非常关键,包括合理安排用水时间、避免浪费以及加强对施工人员的节水意识培训。

节电措施同样是绿色施工的重点。有效的节电措施包括使用节能型施工机械和设备、优化施工过程中的能源使用、利用太阳能和其他可再生能源以及实施能源监测和管理。例如,施工现场可以安装太阳能照明系统,减少对传统电力的依赖。同时,通过对施工现场的能源消耗进行定期监测和分析,可以发现节能减排的潜在机会,进一步提高能效。

环保是绿色施工的另一个重要维度。这要求施工过程中采取各种措施,减少对环境的影响。在施工现场,应严格控制噪音、尘埃和废弃物的排放,通过合理的施工方案和工艺减少对周围环境的污染。废弃物的分类收集、回收和合理处置是减少环境污染、促进资源循环利用的有效方式。此外,使用环境友好型建筑材料和化学品也是实现环保目标的重要措施。

实施绿色施工,不仅需要技术和管理上的创新和努力,还需要施工人员和项目管理团队的高度重视和积极参与。通过培训和教育,提高全员的环保意识,使节水节电环保成为施工现场的自觉行动。

总之,绿色施工要求通过节水节电和环保措施,最大限度地减少施工活动对自然资源的消耗和对环境的影响。这不仅有助于降低建筑项目的运营成本,还能促进建筑行业的可持续发展,为后代留下更加宜居的环境。实现绿色施工是建筑行业面向未来的必然选择,需要行业内外的共同努力和持续创新。

4. 减少环境污染,提高环境品质

绿色施工作为建筑行业向可持续发展转型的关键一环,旨在通过各种创新方法和技术减少对环境的污染,同时提高施工和建筑的环境品质。这一理念不仅强调了资源的高效使用和环境保护,还着眼于为人类创造更健康、更舒适的居住和工作环境。实现这一目标,需要在施工的全过程中采取综合措施,包括规划设计、施工操作、材料选择、废弃物管理和环境监测等方面的创新和改进。

首先,在项目规划和设计阶段,绿色施工要求充分考虑建筑与自然环境的和谐共存。通过采用低影响设计理念,如自然采光、雨水收集和利用、绿色屋顶和墙面等,可以大幅减少建筑对周围环境的负面影响。此外,设计时还应考虑建筑的能源效率,力求在运营阶段实现节能减排。

施工过程中,采取有效措施减少噪音、粉尘、废水和其他污染物的排放,是绿色施工的重要组成部分。比如,使用先进的施工机械和设备,减少噪音和排放;通过合理的工地布局和施工方法,减少扬尘;以及实施有效的废水管理和处理系统,避免污染周边水体。同时,施工现场应实行严格的环境保护措施,如设置隔离带和防尘网,减少对周边环境的干扰。

材料选择方面,绿色施工倡导使用低碳、可再生和回收材料。通过优先选择环境影响小、可循环利用的建筑材料,可以显著降低建筑项目的碳足迹。此外,合理利用当地材料不仅可以减少运输过程中的能耗和排放,还有助于支持当地经济。

废弃物管理是绿色施工中另一个重要环节。通过实施废弃物分类、回收和再利用策略,不仅可以减少填埋量,还能促进资源的有效利用。例如,建筑废弃物中的金属、木材和混凝土等都可以被回收利用。此外,施工现场还应采用减量化生产的方法,尽可能减少废弃物的产生。

环境监测与管理是确保绿色施工目标实现的关键。通过建立和实施环境管理体系,对施工过程中的环境影响进行持续监测和评估,可以及时发现并解决环境问题。此外,施工团队还应定期接受绿色施工和环境保护方面的培训,提高全员的环保意识和技能。

除了上述措施,绿色施工还强调与社区的沟通和协作。通过与当地社区合作,不仅可以减少施工对居民生活的干扰,还能促进社区参与环境保护活动,共同提高环境品质。

总之,绿色施工是一种全面的、系统的工程实践方法,它要求建筑行业的各方面参与者——从项目发起人、设计师、施工团队到材料供应商——共同努力,通过实施一系列综合措施,既减少环境污染,又提高环境品质,最终实现建筑项目的可持续发展。这不仅符合全球可持续发展的趋势,也是建筑行业对社会和环境责任的体现。

5.实施科学管理、保证施工质量

绿色施工不仅关注于环境保护和资源节约,同时也强调通过科学管理保证施工质量,以实现建筑项目的可持续发展目标。科学管理是绿色施工中实现高效施工和高质量成果的关键,它要求在施工过程中综合运用现代管理理念和技术手段,从而确保施工活动的每一步都符合绿色建筑的要求。

首先,科学的项目管理是实现绿色施工的基础。这包括合理规划施工进度,明确各个施工阶段的目标和要求。通过采用项目管理软件和技术,如 BIM(建筑信息模型)技术,可以有效地进行施工模拟、资源配置和进度控制,及时调整施工计划,确保施工过程中资源的最优利用和环境影响的最小化。

其次,绿色施工要求对施工技术和方法进行创新,采用环保且效率高的施工技术,比如预制构件技术、干法施工技术等,这些都有助于减少现场污染、降低能耗和提高施工速度。同时,通过精细化管理,确保施工过程中各项技术标准和操作规程得到严格执行,避免施工过程中的质量问题。

质量控制是绿色施工中不可或缺的一环。这不仅涉及材料的选择和使用,确保所有建筑材料都符合环保和质量双重标准,还包括对施工过程中每一个细节的精确控制。通过实施全面的质量管理体系,对施工质量进行全程监督和检测,及时发现并解决问题,从而确保最终建筑的性能和耐用性。

此外,人力资源管理也是绿色施工中的一个重要方面。通过提高施工人员的环保意识和专业技能,可以更好地执行绿色施工标准和要求。定期对施工团队进行绿色建筑和环境保护方面的培训,不仅能够提升团队的整体素质,还能激发团队成员对于绿色施工理念的认同和支持。

最后,持续改进是绿色施工科学管理的核心。通过建立反馈机制,收集施工过程中的数据和经验,对施工方法、管理流程和技术手段进行不断的优化和调整,以实现施工过程的持续改进,提高施工效率,保证施工质量,最终实现建筑项目的环境、经济和社会三重效益的可持续发展。

(二)施工要求

在推进绿色施工的过程中,实施细致的管理措施对于保护环境、提升施工效率和质量至关重要。以下五项措施是实现这一目标的关键:

首先,关于临时设施的建设,建设和施工单位需事先获取必要的手续,按照规划部门的要求行事。选择的材料应侧重于高效保温隔热,且能够拆卸重复利用,确保所有材料在使用前都已获得产品合格认证。项目完成后,应在一个月内联系具有合法资质的拆除公司,负责临时设施的拆除工作。

其次,在施工降水措施方面,建设单位和施工单位应采取有效措施,阻止地下水渗入施工区域。当因地下条件复杂,使得采用帷幕隔水方法不可行或成本过高时,可通过专家评审批准后,采用管井、井点等其他技术手段进行施工降水。

第三,为有效控制施工扬尘,施工单位应在工程土方开挖前,根据《绿色施工规程》要求,准备洗车池、冲洗设施、垃圾分类密封存放设备、沙土覆盖措施以及对工地路面进行硬化和生活区绿化美化等工作。

第四,涉及渣土绿色运输,施工单位必须使用持有"散装货物运输车辆准运证"的车辆,并凭借"渣土消纳许可证"进行渣土运输工作,确保运输过程的合规与环保。

最后,在降低声光污染方面,建设单位和施工单位应在合同签订时,考虑到施工工期的安排,并合理调整因合同延期导致的工期延长,力求避免夜间施工。若因特殊情况必须进行夜间施工,则必须获得当地建设委员会的夜间施工许可,并采取必要的封闭措施来降低噪音,减少对周围居民生活的强光干扰。

这些措施体现了绿色施工的全面性和系统性,通过科学管理和严格执行,不仅能有效减少环境污染,还能提升施工项目的整体品质,是实现建筑行业可持续发展目标的重要步骤。

三、措施与途径

绿色施工,作为建筑行业响应环境保护和可持续发展号召的重要实践,旨在通过科学的管理和先进的技术,最大限度地减少施工活动对环境的影响,同时保障施工质量和效率。以下是实施绿色施工的主要措施与途径:

(一)采用高效节能的施工机械与设备

选择低能耗、低排放的施工机械和设备,减少施工过程中的能源消耗和污染排放。比如,使用电动施工设备代替柴油机械,使用低噪音施工工艺减少噪声污染。

(二)优化施工方案与工艺

通过科学的施工组织设计和合理的施工方法选择,降低施工过程中对环境的影响。例如,采用预制构件减少现场浇筑,减少施工废弃物和降低现场噪音。

(三)施工现场环境管理

在施工现场周边设置围挡,减少施工扬尘对周边环境的影响;设置洗车池,减少车辆将泥沙带出施工现场;对施工现场进行合理布局,设置专门的废弃物收集区域,实施垃圾分类和回收。

(四)节约资源与材料使用

合理规划材料采购和使用,减少材料浪费。优先选择环保、可回收利用的建筑材料,比如再生混凝土、低挥发性有机化合物(VOC)的涂料和黏合剂。

（五）施工过程中的水土保持

采取有效措施防止施工过程中的水土流失，比如设置沉淀池，对施工场地进行合理排水，以及在施工现场裸露地面覆盖草皮或其他覆盖材料。

（六）施工噪声与光污染控制

在夜间施工或噪声影响较大的施工环节采取隔音措施，减少对周边居民的影响；施工现场照明应合理布置，避免光污染。

（七）建立环境管理体系

建立完善的环境管理体系，包括环境影响评估、环境管理计划和环境监测等，确保施工过程中的环境保护措施得到有效实施。

（八）施工人员的环保意识培训

提高施工人员的环保意识，定期进行环保培训，使员工充分认识到绿色施工的重要性，从而在日常工作中自觉实践环保措施。

（九）推广绿色施工技术创新

鼓励和采纳新技术、新材料和新工艺，如绿色施工信息化管理平台、新型环保材料等，提高施工的绿色化水平。

通过这些措施和途径，绿色施工不仅有助于降低建筑行业的环境足迹，还能提升工程质量和施工效率，为建筑行业的可持续发展做出贡献。实施绿色施工是一个系统工程，需要建设单位、施工单位、供应商以及相关管理部门的共同参与和支持，通过持续的努力和创新，才能实现建筑项目在环境保护、社会责任和经济效益之间的平衡。

四、实施绿色施工的意义

（一）绿色施工有利于保障城市的硬环境

绿色施工，作为一种可持续的建筑实践，对于维护和提升城市的硬环境具有重要作用。通过减少施工活动对环境的负面影响，它有助于构建更加宜居和可持续的城市环境。

绿色施工通过使用低污染、低排放的施工机械和设备，减少了施工过程中的空气和噪声污染。这不仅改善了周边居民的生活质量，也有利于降低城市的整体污染水平。

绿色施工强调资源的节约和循环利用，比如优先采用可回收利用的建筑材料，减少了对自然资源的消耗，同时也减少了建筑废弃物的产生量。这些措施有助于保护城市的自然环境和生态系统，提升城市的绿色指数。

绿色施工倡导合理规划施工场地，通过施工现场的绿化和土壤水分保持等措施，有效防止了土壤侵蚀和水资源的污染，有利于保持城市的生态平衡。

绿色施工还通过采取有效的排水和防洪措施，增强了城市的防洪排涝能力，对于保障城市在极端气候条件下的稳定运行具有积极意义。

综上所述，绿色施工通过减少环境污染、节约资源、保护生态和提升城市应对自然灾害的能力等方面，显著提升了城市的硬环境质量。这不仅为城市居民提供了更加舒适健康的生活环境，也为城市的可持续发展奠定了坚实的基础。

（二）绿色施工有利于保障带动城市良性发展

绿色施工是推动城市良性发展的重要驱动力，它通过实现建设项目的环境友好和资源高效利用，为城市的可持续发展提供了有力支撑。在城市化快速进程中，绿色施工不仅有利于保护和改善环境，还促进了经济和社会的全面协调发展。

首先，绿色施工的实施有助于减少城市建设活动对环境的负担。通过采用清洁能源、高效节能的建筑材料和施工技术，显著降低了施工过程中的能耗和污染物排放。这种低碳建设方式对于缓解城市热岛效应、改善空气质量等都具有积极意义，有助于创建一个更宜居的城市环境。

其次，绿色施工通过促进资源的节约和循环利用，有效缓解了城市资源紧张的问题。通过合理规划使用地块,减少施工废弃物,以及推广使用可再生材料,不仅降低了建设成本,也减轻了对环境的压力。这种对资源的合理配置和高效利用,为城市的长期发展提供了坚实的物质基础。

再者,绿色施工强调对施工过程和建筑生命周期的全面考虑,通过优化设计和施工方案,延长建筑物的使用寿命,减少维护成本。这种持久耐用的建筑理念有助于提升城市建设的整体质量,推动城市向更加高效、节能的方向发展。

此外,绿色施工还能够促进新技术、新材料的研发和应用,带动相关产业的升级和创新。这不仅有助于提高城市建设的科技水平,还能为城市经济的发展注入新的动力,促进就业和产业结构的优化升级。

绿色施工还积极响应社会对于环境保护和可持续发展的需求,提高了公众对于绿色建筑和环保生活方式的认知和接受度。通过实施绿色施工项目,可以增强社区居民的环保意识,推广绿色生活方式,促进社会和谐发展。

综上所述,绿色施工作为一种现代建筑理念和实践方式,不仅有效地保护了城市环境,还促进了城市经济的可持续发展和社会的全面进步。通过推广和实施绿色施工,可以为城市带来长远的良性发展,实现环境、经济和社会的和谐共赢。

(三)绿色施工在推动建筑业企业可持续发展中的重要作用

绿色施工在促进建筑业企业可持续发展中扮演了至关重要的角色。随着全球对环境保护和可持续发展的重视程度不断加深,绿色施工已成为建筑业转型升级的关键途径,为企业带来了新的增长点和竞争优势。

1. 绿色施工有助于建筑企业提升品牌形象和市场竞争力

在环保意识日益增强的今天,采用绿色施工技术的企业能够展现其对环境责任的承担,增强公众和市场的认可度。这种正面形象的树立,有助于企业在激烈的市场竞争中脱颖而出,吸引更多的客户和合作伙伴。

2.绿色施工促进了技术创新和管理创新

为了实现施工过程中的能效提升和污染减少,企业必须不断探索和应用新的建筑材料、新技术和新工艺。这些创新不仅能够降低施工成本,提高施工效率,还能为企业带来技术积累和专利资源,增强其核心竞争力。

3.实施绿色施工有助于企业实现资源的高效利用和成本控制

通过采用节能材料、优化设计、废物回收利用等措施,企业可以在源头上减少资源的消耗,降低废弃物处理的费用,从而实现成本节约和利润增加。

绿色施工还能够提升企业的社会责任感,增强员工的环保意识和参与感。通过参与绿色施工项目,员工可以直观地感受到自己对环境保护的贡献,增强其对企业文化的认同感和归属感,有助于提高工作积极性和团队凝聚力。

4.绿色施工的推广有助于企业应对政策法规风险

随着环保法规的不断完善和加严,传统施工方式可能会面临越来越多的政策限制和环保压力。而绿色施工的实施,能够确保企业在遵守法律法规的同时,顺应环保趋势,减少潜在的法律和经营风险。

综上所述,绿色施工对于推动建筑业企业的可持续发展具有不可替代的作用。通过引领行业转型升级,不仅有助于企业实现经济效益的增长,还能够促进社会和环境的和谐共生,实现多方共赢的发展目标。

五、绿色施工与相关概念的关系

（一）绿色施工与清洁生产

1.绿色施工清洁生产的环境影响因素

绿色施工与清洁生产对环境的影响主要体现在其对于污染减少、资源节约及生态保护方面的积极作用。首先，绿色施工与清洁生产通过使用环保建材和先进技术，显著降低了施工活动中废气、废水和固废的排放量，有效地减轻了建筑活动对环境的污染压力。其次，在资源使用方面，这种施工方式强调资源的高效利用和循环再利用，通过优化材料选择和使用过程，大大减少了资源的浪费，促进了资源的可持续使用。再者，绿色施工还注重施工现场及其周边环境的生态保护，采取措施如增加绿化、建设生态隔离带等，不仅美化了环境，还增强了地区的生态稳定性和生物多样性。这些做法不仅提高了项目的环境友好度，还对推动建筑行业的绿色转型和可持续发展策略实施起到了模范作用。综上所述，绿色施工和清洁生产是对传统建筑施工方式的一次深刻革新，它倡导在建设过程中采纳更加环保和节能的措施，以减少对自然环境的破坏，对推进建筑行业的绿色发展和实现环境的可持续管理具有重要意义。

2.绿色施工清洁生产的对策

为了实现绿色施工和清洁生产，采取有效对策是必要的。这些对策旨在通过减少环境污染、提高资源利用效率以及促进生态保护，推动建筑业向更加可持续的方向发展。首先，加强绿色施工材料的使用是基础。这包括选择环境影响小、可循环利用的建材，减少传统建材的使用。其次，应用先进的施工技术和管理方法，比如使用清洁能源和高效的机械设备，减少能耗和废弃物排放。再者，推广施工现场的资源回收利用，通过建立废料回收系统，实现建筑废弃物的分类收集和再利用，减少对环境的污染。

此外，增强环境意识教育和培训也是关键。通过对施工人员进行绿色施工和环境保护的教育和培训,提高他们的环保意识和技能,是实现绿色施工的重要保障。同时,加强绿色施工项目的环境管理,制定严格的环境保护措施和标准,对施工活动进行全过程的环境监控,确保各项环保措施得到有效实施。

在政策层面,政府应出台相关政策和标准,鼓励和引导建筑企业采取绿色施工和清洁生产措施。包括提供政策支持、财政补贴和税收优惠等,激励企业投入到绿色施工技术的研发和应用中。此外,加强行业内外的合作,推动绿色建材、绿色技术和管理经验的共享,通过合作提升整个行业的绿色施工水平。

最后,积极推进绿色建筑的认证和评价体系,通过建立一套完善的绿色建筑标准和评价体系,对建筑项目从设计、施工到运营全过程进行绿色等级评定,引导和促进建筑业的绿色发展。通过上述措施的综合实施,不仅能够有效提升建筑项目的环境绩效,还能推动建筑行业的可持续发展,为实现绿色施工和清洁生产目标奠定坚实基础。

(二)绿色施工与可持续发展

1.环境保护技术

(1)扬尘控制

绿色施工中,扬尘控制是保护环境、减少对周边社区影响的关键措施之一。有效的扬尘控制不仅有助于营造一个更加健康的施工环境,而且是实现绿色施工目标的重要环节。以下是实现有效扬尘控制的几个方面:

第一,施工过程中的物料运输是扬尘产生的主要来源之一。为了减少运输过程中的扬尘问题,所有运输易散落、飞扬物料的车辆都应采取密封措施,确保物料不会在途中散落或飞散。此外,施工场地出入口应配备洗车设施,对出入的车辆进行清洁,避免车辆将泥土带至场外道路,减少二次扬尘。

第二,对于施工现场的土方作业和其他可能产生大量扬尘的活动,应采取喷水、覆盖等方法减少扬尘。例如,对作业区域进行定时喷水,可以有效降低扬尘量;对堆放的建筑材料使用覆盖物,以防物料被风吹散。

第三,施工现场的管理也至关重要。对于所有施工活动,尤其是那些可能产生扬尘的工序,应制定详细的扬尘控制计划,并严格执行。这包括选择使用低扬尘产生的施工方法和设备,比如使用湿式切割代替干式切割,使用吸尘器清理而非吹风机。

此外,施工现场应设立专门的垃圾收集区,并定期清理,防止废弃物通过风力散布造成扬尘。对于特别容易产生扬尘的活动,如拆除工作,应采取额外的防尘措施,如在拆除前对建筑物进行喷水处理,减少扬尘产生。

第四,施工现场周边应设置围挡,以减少扬尘对周围环境的影响。围挡不仅可以物理阻隔扬尘传播,还可以作为扬尘控制信息的宣传板,向公众展示施工单位的环保意识和扬尘控制措施。

绿色施工的扬尘控制需要施工单位的高度重视和严格执行。通过采取上述措施,可以有效减少施工过程中的扬尘问题,对保护环境、改善施工现场工作条件以及提高公众满意度具有重要意义。

(2)噪音与振动控制

在绿色施工过程中,对噪音和振动的控制是提高施工质量和保护环境的重要方面。通过采取有效措施减少施工噪音和振动,不仅能够改善周边居民的生活环境,还有利于施工人员的健康和安全。首先,选择低噪音施工设备和方法是基本策略,如使用静音型机械和振动控制优良的施工技术。此外,合理安排施工时间,避免在居民休息的夜间或早晨进行高噪音作业。在施工现场周围设置隔音屏障,可以有效减少噪音传播到周边环境。对于振动控制,采用先进的施工技术和设备减少地面振动,对于敏感区域,评估并采取必要的隔振措施。通过实施这些策略,绿色施工项目能够在减轻环境影响的同时,提升社会责任感和项目的可持续发展性。

（4）水污染控制

在绿色施工项目中,水污染控制是实现环境可持续发展的关键环节。这不仅涉及施工过程中对水资源的保护,也包括对周边水体的保护,避免施工活动对其造成污染。首先,合理规划施工现场的水利用和排水系统,确保施工用水的节约使用以及废水的有效处理。施工现场应设置专门的废水处理设施,如沉淀池、隔油池等,对含有泥沙、油脂及其他污染物的废水进行预处理,确保其排放符合国家或地方的环保标准。

此外,严格控制施工场地的地表径流,避免雨水携带施工废弃物和有害物质流入周边河流或水体。在可能的情况下,收集和再利用施工现场的雨水,既减少了对周边水体的污染风险,也提高了水资源的使用效率。对于施工过程中使用的各种化学物品,如涂料、溶剂等,需严格按照安全指南进行储存和使用,防止泄露造成土壤和水体污染。

施工现场还应实施严格的监测制度,定期检测水质,确保所有排放都在允许的标准之内,及时发现和处理可能的污染问题。通过这些综合措施的实施,绿色施工项目能够有效控制水污染,保护水资源,促进施工项目与自然环境的和谐共生。

（5）土壤保护

绿色施工在保护环境方面扮演着重要角色,尤其是在土壤保护方面的努力对于维护生态系统平衡至关重要。有效的土壤保护措施不仅能够防止土壤侵蚀、污染和土地退化,还能确保自然资源的可持续利用。首先,施工前进行土壤和地形调查,评估施工活动对土壤的潜在影响,从而采取预防措施。例如,通过合理规划施工场地布局,最小化对土地的干扰,保持自然地形和土壤结构的完整性。

施工过程中,采取措施减少表层土壤的移动和丢失,如设置围挡、植被覆盖或使用地毯保护裸露的土地,减少雨水冲刷带来的土壤侵蚀。同时,对于必须挖掘的区域,应当及时进行土壤复原,恢复原有的土壤层次结构,促进植被恢复。

此外,对于施工场地产生的所有废弃物,应严格遵守废弃物管理规定,合理分类收集、运输和处理,防止废弃物污染土壤。通过实施这些策略,绿色施工不仅能够最大限度地减少对土壤的负面影响,还能促进建筑行业的可持续发展,为后代留下一个更加健康、更加绿色的环境。

(6)建筑垃圾控制

建筑垃圾控制是实现绿色建筑和可持续发展目标的关键因素之一。通过有效管理和减少建筑废弃物,可以显著降低对环境的影响,促进资源的循环利用。首先,项目规划阶段就应该采取减少废物生成的设计策略,比如使用模块化和可重复使用的建筑材料。在施工过程中,通过精确计算和优化材料使用,减少材料的浪费。

对于产生的建筑垃圾,应采取分类回收的措施,将可回收和可再利用的材料分离出来,减少填埋量。例如,废弃的混凝土和砖块可以作为其他工程的骨料材料再利用,而木材和金属则可以回收再处理。同时,采用现代化的废物处理技术,如物理破碎和化学处理,将废弃物转换为有用的资源。

此外,建筑项目应与具备资质的废物处理公司合作,确保所有建筑垃圾得到安全、有效的处理。通过这些综合措施的实施,建筑垃圾控制不仅能够减轻对环境的负担,还能促进建筑材料的循环利用,为实现绿色建筑和可持续发展目标做出贡献。

(7)地下设施、文物和资源保护

在进行建筑和开发活动时,保护地下设施、文化遗产和自然资源是维护历史文脉、保护环境和实现可持续发展的重要措施。首先,开发前的彻底调查和规划是必要步骤,包括对地下管线、文化遗址和自然资源的详细勘查,以避免施工活动对这些重要元素造成损害。

对于地下设施,如水管、电缆等,应采用高精度的地理信息系统(GIS)和地下探测技术,准确地标定其位置。在施工过程中,采取适当的工程保护措施,如设置警示标志、采用非开挖技术等,以确保这些设施的完整性和功能不受影响。

在文化遗产保护方面,一旦发现潜在的文化遗址或文物,应立即停止施工,并通知相关文物保护部门。依据法律法规和文物保护专家的指导,制定保护方案或进行遗址挖掘和保存工作,确保文化遗产得到妥善保护。

对于自然资源,尤其是在生态敏感区和自然保护区内的开发项目,需要进行环境影响评估,采取最小化干预的原则,保护地下水资源、土壤和生物多样性。此外,采用绿色建筑和可持续设计原则,减少能源和水资源消耗,保护和恢复自然环境。

通过这些综合性的保护措施,可以在保障开发需求的同时,确保地下设施、文化遗产和自然资源得到有效保护,为后代留下宝贵的自然和文化遗产。

2. 节材与材料资源利用技术

绿色施工节材与材料资源利用技术是实现建筑业可持续发展的关键措施之一。这些技术旨在减少资源消耗,提高材料的利用率,减少环境污染,从而促进建筑项目的环境友好性和经济效益。

(1)节材技术

节材技术主要包括高效的材料使用策略和先进的施工方法。通过优化设计、精确计算和模块化建造,可以大大减少材料的浪费。

第一,优化设计:采用计算机辅助设计(CAD)和建筑信息模型(BIM)技术,优化建筑结构和布局,减少不必要的材料使用,同时保证结构的安全性和功能性。

第二,精确计量和预切割:在材料使用前进行精确计量和预切割,确保材料的最大利用,减少现场切割造成的浪费。

第三,模块化和标准化:通过模块化和标准化的构件生产,提高施工效率,减少现场作业中的材料损耗。

(2)材料资源利用

材料资源利用技术着重于提高建筑材料的循环利用率,减少建筑垃圾的产生,包括材料的选择、回收再利用和废弃物的管理。

第一,环保材料的选择:选择低碳、可回收、可降解或具有环境标签认证的建筑材料,如再生混凝土、再生钢材、竹材等。

第二,建筑废弃物的回收再利用:通过建筑废弃物的分类收集、处理和再利用,将废旧材料转化为新的建筑材料,如将废弃混凝土破碎再利用为道路基底材料。

第三,建筑解体与材料回收:在建筑寿命终结时,采用选择性拆除方法,最大限度地回收和再利用建筑材料,减少废弃物对环境的影响。

(三)创新技术和方法

随着科技的发展,一些创新技术和方法也被引入绿色施工中,进一步提高材料的利用效率和施工的环保性。

第一,3D打印建筑:利用3D打印技术直接打印建筑构件或整栋建筑,精确控制材料使用,减少浪费,同时实现复杂设计的高效建造。

第二,绿色施工管理软件:使用专门的绿色施工管理软件,对材料使用、废弃物处理等进行全面管理,优化资源分配,减少浪费。

第三,生态材料的研发:鼓励对生态建筑材料的研发,如使用生物基材料、纳米材料等,开发更加环保、节能的新型建筑材料。

通过上述节材与材料资源利用技术的实施,绿色施工不仅能够有效减少资源消耗和环境污染,还能推动建筑业向更加可持续的方向发展。这要求建筑行业的各个参与者——设计师、施工单位、材料供应商以及政府部门——共同努力,实施严格的绿色施工标准和政策,为实现绿色建筑和可持续发展目标作出贡献。

3.节水与水资源利用的技术

绿色施工节水与水资源利用技术是建筑行业实现可持续发展战略的重要组成部分。这些技术旨在减少施工过程中的水资源消耗,提高水的循环利用率,降低水污染,保护和恢复水生态系统。有效的节水与水资源利用不仅有助于减轻建筑项目对水资源的压力,还能降低项目运营成本,促进环境的可持续发展。

(1)节水技术

节水技术主要通过高效的水使用和管理措施,减少水的消耗量。

第一,雨水收集与利用:通过设置雨水收集系统,收集屋顶和硬化地面的雨水,用于景观灌溉、道路清洗、施工用水等,减少自来水的使用。

第二,中水回用系统:将施工现场的生活污水和部分工艺水经过处理后,用于施工用水、绿化灌溉等,有效减少新鲜水资源的消耗。

第三,高效节水装置:在施工现场的临时设施中使用节水型卫浴设施、智能控水系统等,减少水的浪费。

(2)水资源利用

水资源利用技术主要集中在提高水的循环使用效率,减少对自然水体的污染。

第一,废水处理与再利用:对施工过程中产生的废水进行有效处理,达到一定标准后回用于施工现场,如清洗、冷却等,减少对自来水的依赖。

第二,施工水污染控制:通过设置沉淀池、过滤装置等,减少施工活动对周围水体的污染。对含有有害物质的水进行特殊处理,防止污染地表水和地下水。

第三,生态雨水管理:采用渗透性铺装、雨水花园、湿地系统等自然雨水管理措施,增加地面的渗透和蓄水能力,减轻城市排水系统的压力,同时提高地下水补给。

（3）水资源管理

良好的水资源管理是实现绿色施工节水与水资源高效利用的基础。

第一,水资源综合评估:在施工前对项目区域内的水资源进行全面评估,包括雨水资源、地下水资源以及周边水体的状况,为水资源的合理利用和保护提供科学依据。

第二,水资源监测系统:建立水资源使用和水质监测系统,实时监控水的使用效率和水质变化,及时调整水资源管理策略。

第三,水资源教育和培训:对施工人员进行水资源保护和节水技术的培训,提高他们的水资源保护意识,促进节水措施的有效实施。

（4）创新和技术发展

随着技术的进步,一些创新技术也被应用于绿色施工节水与水资源利用中。

第一,智能水系统:利用物联网技术,对施工现场的水使用进行智能监控和管理,实现水资源的精确调配和高效利用。

第二,先进水处理技术:采用纳米过滤、生物技术等先进水处理技术,提高废水处理效率和水质,使更多的废水得到回用。

第三,绿色建筑材料:使用能够减少水资源消耗的绿色建筑材料,如低水耗混凝土、干法施工材料等。

通过实施这些节水与水资源利用技术,绿色施工能够有效降低对水资源的消耗,减少水污染,保护水生态环境,为实现建筑业的可持续发展做出贡献。这要求建筑业界、政府部门和社会各界共同努力,不断创新和推广节水与水资源利用的先进技术和管理方法。

4.节能与能源利用的技术

节能与能源利用技术在绿色施工中扮演着至关重要的角色,旨在通过高效的能源管理和利用,最大限度地减少能源消耗和碳排放,促进建筑项目的可持续发展。实现这一目标需要采取一系列技术和策略,以确保施工过程中能源的高效使用,并积极探索可再生能源的利用可能性。

（1）节能技术

第一,高效能源设备:使用高效率的机械设备和工具,如节能型电动工具、节能照明设备等,这些设备通常具有更低的能耗,能显著减少施工现场的总体能源消耗。

第二,智能施工管理:利用智能化施工管理系统,如 BIM 技术（建筑信息模型）,优化施工计划和流程,减少能源浪费。通过实时监控施工进度和资源使用情况,调整施工方案,确保能源使用的最优化。

第三,热回收与再利用:在施工过程中采用热回收技术,如利用建筑废弃物中的热能进行回收利用,减少能源需求。

（2）能源利用技术

第一,太阳能利用:在施工现场安装太阳能光伏板,利用太阳能产生电力,供应施工现场部分能源需求,减少对传统能源的依赖。

第二,风能利用:在适宜的地区和条件下,可以考虑安装小型风力发电机,为施工现场提供一部分绿色能源。

第三,地热能利用:在地热资源丰富的地区,利用地热能进行供暖或冷却,减少化石能源的使用。

（3）综合能源管理

第一,能源监测与评估:实施全面的能源监测系统,定期评估施工现场的能源使用效率,找出节能改进的潜在领域。

第二,员工培训与意识提升:对施工人员进行节能意识和技能培训,鼓励采取节能措施,如合理规划使用机械设备,减少待机时间。

第三,绿色供应链管理:选择使用节能环保的材料和设备,优先采购具有能效标识的产品,推动供应链整体向绿色、低碳方向发展。

通过以上技术和策略的综合应用,绿色施工项目不仅能实现能源的高效利用,还能减少环境污染,促进经济社会的可持续发展。随着新技术的不断发展和应用,未来绿色施工在节能与能源利用方面将展现出更大的潜力和价值。

5.节地与施工用地保护的技术

在实施绿色施工过程中,采纳合适的节地与施工用地保护措施,对于推动建筑行业的可持续发展具有重要意义。这些措施旨在最小化土地使用,同时保护施工区域内外的环境质量,确保土地资源得到有效保护和合理利用。

(1)节约用地策略

第一,优化施工布局:通过精心规划施工场地的布局,可以有效减少对土地的占用。采用立体施工和利用空间层次,比如设置多层临时设施,减少平面空间占用,从而达到节约用地的目的。

第二,推广模块化建造:应用预制构件和模块化技术,减少现场施工所需的土地面积。这种方法不仅能提升施工效率,还能减轻对场地的干扰和破坏。

(2)保护施工用地

第一,实施地面防护:在施工现场部署有效的地面保护措施,例如使用保护垫或建立临时通道,避免重型机械直接对土地造成压实和损伤。

第二,控制土壤侵蚀:通过构建防护措施如围挡、排水系统等,管理雨水流向,有效防止水土流失。保持原有的土壤覆盖,如可能,利用自然植被进行保护。

第三,废弃物的环保处理:建立严格的施工废弃物管理制度,通过废物的分类、回收和安全处置,减少施工过程中对土地的污染。

第四,土地生态恢复:完成施工后,对受影响地区进行生态恢复工作,例如重新植树和草坪,以修复土地生态,促进生物多样性。

通过上述措施的实施,不仅可以有效节约和保护土地资源,还能减少施工活动对环境的负面影响,促进建筑项目与自然环境的和谐共存。这要求建筑行业在项目规划、设计和施工各个阶段,均需考虑节地与保护土地的策略,共同为实现可持续发展目标做出努力。

6.节能减排

节能减排的意义在于响应我国经济快速发展与资源环境之间日益加剧的矛盾,以及社会对环境问题的关切。这种状况紧密关联于经济结构的不合理性及增长方式的粗放性。未对经济结构进行优化和增长方式进行转变,将面临资源不足和环境承载力不足的困境,经济发展将难以持续。因此,坚持节约、清洁、安全的发展道路,是实现经济的优质快速发展的关键。同时,应对全球气候变暖,加强节能减排成为国际社会的广泛诉求,是我们的责任。节能减排不仅是贯彻科学发展观、构建和谐社会的关键措施,也是建设资源节约型、环境友好型社会的必选之路,是推动经济结构调整和增长方式转变的重要路径,更是提升人民生活品质、维护民族长远利益的必要条件。

对于节能减排的认识,我们项目部高度重视其重要性和紧迫性,将思想和行动统一至国家的节能减排决策和部署。结合项目的具体特点,采取有效措施,确保节能减排任务的圆满完成。

在节能减排的具体实施上,项目部将发挥其施工的主导作用,加强管理措施,建立健全节能减排工作责任制和问责制,实现层层抓落实的工作格局。项目部对节能减排工作负总责,项目经理作为第一责任人。

节能减排的综合性工作方案包括设定符合国家要求的最优节能减排目标,并采取具体措施:与施工单位签订绿色施工、节能减排协议,明确责任到人;减少临时占地并恢复用地;节约用水、禁止污水排放;采用新工艺、技术,淘汰高耗能、高污染施工工艺;禁止使用排放不达标的设备;尽量使用电网动力电,减少排放;禁止在施工区随意丢弃垃圾,共同努力实现项目的绿色施工和节能减排目标。

第二节　绿色建筑与绿色施工

一、绿色施工与传统施工的区别

(一)绿色施工与传统施工的共同点

绿色施工与传统施工作为建筑施工的两种不同模式,它们在目的和部分实施方法上有着共同之处。首先,无论是绿色施工还是传统施工,它们的根本目的都是完成建筑项目,确保建筑物的安全、质量和功能满足设计要求及用户需求。这一点是施工活动的基本出发点和落脚点,体现了建筑施工的核心价值。

其次,绿色施工与传统施工在施工过程中都需要遵循一定的技术规范和标准,如建筑规范、安全生产规范等,以确保施工过程的规范性和安全性。这些共通的技术规范和标准是施工活动必须遵守的基础,确保了施工质量和安全生产。

再者,两种施工模式都涉及工程管理的基本要素,包括项目管理、成本控制、时间管理、质量控制等方面。无论采取哪种施工模式,有效的工程管理都是成功完成建设任务的关键。这需要施工单位具备专业的管理团队和成熟的管理方法,通过科学的组织和合理的调度,实现项目的顺利实施。

此外,绿色施工和传统施工在实施过程中都需要合理利用资源、协调人力物力,尽管绿色施工更加强调资源的节约和环保,但两者都离不开对资源的有效管理和利用。这包括施工材料的选择、使用和回收,施工设备的管理和维护,以及施工过程中人力资源的合理分配和利用。

最后,绿色施工与传统施工都面临环境保护和社会责任的挑战。虽然绿色施工在环境保护方面采取了更为积极和主动的措施,但两种模式都不能忽视对施工过程中可能产生的环境影响的控制,以及对周边社区和环境的保护责任。

总之,绿色施工与传统施工在完成建设项目的根本目的、遵循技术规范和标准、工程管理要素、资源利用和环境保护方面存在共同点。这些共同之处构成了建筑施工活动的基本框架和原则,是确保项目成功实施的基础。

(二)绿色施工与传统施工的不同点

绿色施工与传统施工的基本理念和关注焦点存在明显的不同。绿色施工注重于环境保护和资源的高效利用,旨在实现人与自然、社会的和谐共生。这一模式强调在施工过程中采取各种措施,以最小化对环境的影响,例如在涉及园林绿化的项目中,可能会在施工早期就开始绿化工作,这不仅有助于减轻扬尘问题,还能通过使用施工废水进行灌溉来降低后期的绿化成本,同时还能提升企业形象。相反,传统施工更多关注于项目的质量、安全、进度和成本,尽管也会在法律法规允许的范围内努力控制成本,但这种方式可能导致更多的建筑废弃物产生,并对周边环境及居民生活造成影响。

在达成目标的方法上,两种施工方式亦有区别。绿色施工鼓励施工单位更新观念,全方位考虑施工过程中的能耗高峰,并通过采纳新的技术、材料以及不断改进的管理和技术手段来满足绿色施工的标准。而传统施工模式则侧重于在确保质量、工期和安全的前提下尽可能降低成本,对环境保护、节能减排等方面可能缺乏足够的重视。绿色施工通过采用新技术和更加高效的流程达到环保目标,如工业化装配式施工,这种方法通过在工厂预制主要构件,现场直接组装,既节省了成本也减少了环境污染。

绿色施工和传统施工在实施细节和成效上也展现出不同。采用绿色施工虽然初期可能会增加成本,但长远来看,通过提高环保意识、使用新技术和材料,以及优化管理,不仅能够有效达到项目的综合控制目标,还能在建设过程中节省资源,创造更加和谐的社会环境和优质的建筑成果。与之相比,传统施工可能更加注重成本节约,对环境问题如建筑垃圾和扬尘的控制措施可能不如绿色施工到位。在绿色施工的推动下,通过技术创新和管理改进,施工企业能够有效提升工程质量,降低废品率,通过减少资源浪费和返工,提高了整体的质量合格率,进而为项目节约了成本。

绿色施工与传统施工之间,受益群体的差异也是显著的。绿色施工的利益相关者涵盖了国家、社会、项目所有者以及施工企业自身,而传统施工的主要受益方则通常限于施工企业和项目业主,社会及终端用户的受益相对较为间接。例如,在地基工程处理中,传统方式可能仅仅是将地下水排放到污水系统中,而绿色施工则会考虑到资源的节约和可持续性,通过与城市管理机构的合作,把地下水引导至城市再生水系统或是人工湖,虽然这可能会增加一定的施工成本,但施工单位可以通过管理和技术创新来降低成本,并有机会得到政府的补贴,同时也因其对社会的贡献获得好评,增强了公司的市场竞争力。同样,在雨水回收利用方面,绿色施工通过在雨季收集雨水供施工使用,虽然直接节省的费用可能不大,但这种做法减少了资源的浪费,展示了绿色施工节约资源、服务社会的理念,为社会创造了更广泛的价值。

从长期的角度看,绿色施工代表了节约型和可持续经济的发展方向,其不仅仅关注短期的经济利益,而是将经济效益与环境保护结合起来,着眼于实现长远的发展目标。与之相对的传统施工,尽管在初期可能因为忽视环境因素而减少投入,但从资源消耗和污染角度考虑,长期而言可能会导致更大的社会成本。绿色施工通过减少资源的不必要消耗、倡导资源的合理使用和循环利用,显著降低了对环境的负面影响。此外,在处理建筑垃圾、噪音、水和空气污染等问题时,传统施工可能采取的是事后治理的方式,而绿色施工则采用更为主动的预防措施,如采纳清洁生产技术,从源头减少污染的产生,以此实现对环境的最小化影响。这种区别不仅体现了两种施工方式在实践中的不同,也反映了绿色施工相对于传统施工在环境保护和资源利用上的先进性和可持续性。

绿色施工的核心不仅仅在于追求施工单位的经济收益最大化,更重要的是在环境保护和资源节约的基础上实现节能、节水、节地和节材等"四节"目标及环保,强调通过采纳新技术、新工艺以及不断提升管理和技术水平来实现节能减排的目标。虽然绿色施工在某些情况下可能会提高施工成本,但通过提升全体员工的节能减耗意识和技术革新,不仅能够增强施工单位的经济和社会效益,最终还能够惠及整个社会,推动建筑行业的可持续发展。

国家和行业协会已经推出多项关于绿色建筑和绿色施工的政策、法规和奖励机制,旨在强化建设节约型社会,驱动资源消耗大户——建筑行业的理念转变和转型升级,以实现人与自然、人与环境的和谐共存。通过管理和技术的持续进步,建筑企业能够不断增强自身竞争力,促进可持续发展。

新的生产模式为绿色施工提供了坚实的物质基础,通过工业化生产和装配式施工,不仅显著缩短施工周期,减少人力资源消耗,同时有效减少传统施工过程中产生的废弃物。对这些废弃物进行二次利用和循环使用,不仅降低了环境污染,也提高了资源使用效率,进一步降低了建筑成本。

国家和地方建设管理部门为推动建筑行业的转型升级及淘汰陈旧技术,强制采用新技术、新材料和新工艺,有效推动了落后产能的转型升级。近年来,大量新兴的国家级和地方级工法及专利技术的出现,为企业提供了无偿或有偿的使用途径,帮助提升施工质量和减少资源浪费。这些新技术和材料的广泛应用是绿色施工能够实现的物质基础。如果没有技术创新和新材料的支持,绿色施工难以实现其本质上的改变,仅限于表面的调整,无法从根本上减少环保成本,实现经济型的绿色施工路径就会受阻。

绿色施工首先是观念的更新,它要求在质量、成本、工期、安全、环境保护和资源节约等多方面进行综合考量,这些要素共同构成了一个有机整体。只有通过管理和技术的持续改进,才能从根本上降低环保成本,减轻企业的经济压力。这种新的观念是实现人与环境、人与自然和谐共存的关键,不能将这些要素孤立来看,否则无法全面提升绿色施工的实践效果。

新兴的生产模式为绿色施工提供了稳固的基础。通过工业化和模块化的施工方式,不仅大幅度降低了施工周期和人力成本,还通过再利用传统施工阶段产生的废料,有效减少了对环境的负面影响,并提高了资源的使用效率,进而大幅降低了建筑的整体成本。国家和地方政府部门推动建筑行业的革新与升级,淘汰了一些过时的生产方法,通过强制性推广采用新的技术、材料和施工方法,这些措施极大地促进了产能的更新。近些年,涌现了许多国家和地方层面的新工法和专利技术,企业能够以免费或收费的形式采用这些先进技术,以提高施工效率和减少资源的浪费。这些技术和材料的广泛应用为绿色施工提供了坚实的物质支持。如果缺乏技术革新和新材料的支撑,绿色施工很难实现其深层次的变化,不能有效地降低因环境保护而增加的成本,从而阻碍了绿色施工向经济高效的方向发展。

绿色施工的实现,首先从观念的更新开始,它涵盖了项目的质量、成本、进度、安全、环境保护和资源节省等多个方面,将这些要素视为一个整体。通过不断的管理优化和技术创新,目标是从根本上减少环保增加的成本,减轻企业负担。更新的观念是实现人与环境、人与自然和谐相处的关键,如果不能做到这一点,绿色施工的改进就会停留在表面,无法实现其深远的目标,仅仅限于实现节约型施工的基本要求。

为促进绿色施工普及,地方建设管理机构已经实施了一系列的优惠政策和激励措施,并把绿色施工项目的表现作为评选高品质工程和科技进步奖项的重要依据。虽然这些政策和措施还未成为评奖的强制条件,但已经对企业采纳绿色施工策略产生了正面效应。尽管如此,绿色施工的推广过程并非无碍。因地域、利益观念及认知差异,绿色施工实施可能面临多方面挑战和争议,这些问题可能来自政府、项目团队、甲方、监理单位以及周边社区等多个方面,更常见的是由于行业标准和规范更新滞后造成的。新材料和技术的采用需经过一段时间的认识和适应过程,在政府引导的市场环境下,若缺少相关部门的批准或是标准规范的更新,使用者和制造商都可能遇到难题。此外,不同地区政府对污染和资源浪费的管理力度不一,亦会影响绿色施工的实际推行。若政府监管严格,将促使甲方增加绿色投资,从而鼓励施工方采纳绿色措施;反之则可能使得甲方和施工方对绿色施工持保留态度,影响其广泛推广。

施工单位作为利益直接相关者,旨在实现最大经济利益,这是推动项目进展的根本动力。但绿色施工通常意味着更高的初期成本,可能导致绿色项目的市场价格高于传统项目。若企业和消费者未能充分认识到绿色建筑的价值,可能面临利润减少甚至亏损的风险,这在管理层中可能引起分歧。对消费者来说,寻求最大的效用是本能的选择,这造成了绿色和传统施工在价值观上的明显差异,消费者对绿色施工需求的不确定性可能加剧了这种分歧,为绿色施工的实施带来更多难题。

尽管面临诸多挑战,绿色施工依旧是建筑行业未来的关键发展方向。通过不断更新观念、技术创新和政策扶持,可以逐渐解决这些难题,推广绿色施工理念和实践。所有利益相关者—无论是政府、企业还是消费者—都需携手合作,共同推进建筑行业的可持续发展,促使社会整体向环境友好型转变。

二、绿色施工与绿色建筑的关系

《绿色建筑评价标准》按国家规定,定义绿色建筑为在其整个生命周期中,最大限度地节约资源(包括节能、节水、节地、节材)、保护环境、减少污染,并向人们提供健康、适宜及高效率的生活空间,与自然环境和谐共生。绿色建筑的核心要素包含三个主要方面:一是"四节",即在建筑使用期间尽可能减少资源消耗;二是环境保护,旨在减少建筑使用期间的污染物排放;三是提供健康、合适和高效的居住与使用环境。

绿色施工与绿色建筑虽然紧密相连,但各有其独立性质,它们的联系主要表现在以下几个方面:首先,绿色施工主要关注的是建筑生命周期中的建设阶段,强调施工过程的环保,而绿色建筑更注重的是建成后为人们提供的绿色生活空间;其次,虽然绿色施工对于形成绿色建筑有着重要价值,但仅有绿色施工本身并不能直接构成绿色建筑;再者,绿色建筑的创建首要在设计阶段就需体现绿色理念,而绿色施工的关键则在于确保施工过程的环保性;最后,绿色施工着重于施工期间对环境的影响,这种影响在建设阶段比较集中,而绿色建筑则关注于居民的健康、运营成本以及功能效率,对整个使用周期都会产生影响。

这种关系表明,虽然绿色施工是实现绿色建筑目标的关键环节之一,但要真正达到绿色建筑的标准,需要在设计、施工、使用等各个环节都符合绿色标准。

三、绿色施工推进

(一)绿色施工推进建议

在建筑行业中,推行绿色施工面临着诸多挑战与困难,因而加快建筑行业绿色施工的全面发展成为政府、建筑业和相关企业亟待解决的问题。为了有效地推广绿色施工,我们不能仅仅依赖于理念的传播,而需要从政策法规支持、管理体系创新、新技术研发以及传统技术改良等多方面着手,依靠政府、业主、承包商等多方面的共同努力,以取得实际的推广成效。

1. 进一步加强绿色施工宣传和教育,强化绿色施工意识

应加大对绿色施工的宣传教育力度,提高行业内外对绿色施工重要性的认识。正如世界环境发展委员会所指出,环境问题未能得到有效解决的根本原因之一是缺乏适应现代化社会需要的环保意识。在我国,虽然建筑业内部分工作人员已经认识到环保的重要性,但具体到行动和自我约束上还显得不足;对于绿色施工的认识还远未普及。因此,通过法律、文化、经济等多渠道解决绿色施工中的问题,广泛进行持续性的宣传教育和培训,提升行业和公众对绿色施工的认识,鼓励公众监督,提高大家的环保意识,对推动绿色施工具有重要意义。

2. 建立健全法规标准体系,强力推进绿色施工

建立和完善法规与标准体系,以法律手段促进绿色施工的实施。实施绿色施工的企业往往需要采取更加严格的施工措施,并承担较高的成本,这是制约绿色施工推广的主要障碍之一。虽然可以在部分项目中进行绿色施工试点,但若要实现更广泛的推广,就必须采取有效措施,制定并实施一套强制性的法律、法规和标准体系。通过建立一个完整的、基于绿色技术的国家级法律法规和标准体系,加强绿色施工政策的推行,可以确保各方面积极参与,共同推进绿色施工的实施,保证所有参与者在平等的基础上共同为达成绿色目标努力,解决成本问题,鼓励更多企业实施绿色施工,促使绿色施工走向规范化和常态化。

3. 各方共同协作,全过程推进绿色施工

为了有效地推动绿色施工的全面实施,需要多方面的密切合作与共同努力。这不仅涉及政府的政策引导和支持,还包括市场机制的合理调整、业主的积极参与以及施工单位的全程推进等多个方面。

首先,政府应发挥其宏观调控的作用,通过制定和实施一系列关于绿色施工管理的政策、规则和激励措施,为绿色施工的推广提供法

律和政策上的支撑。这些政策和措施应当旨在激励各相关方积极行动,规范其在绿色施工过程中的行为,以确保绿色施工的顺利进行。

其次,需要通过市场机制的调整来逐步淘汰那些仅以工期为导向的低价竞标模式,推动建筑市场逐渐向注重绿色施工的企业倾斜,从而形成以绿色施工为核心竞争力的新型市场环境。

此外,业主在整个工程建设过程中占据决定性的地位。因此,强化业主的领导作用至关重要。只有当业主全力支持绿色施工,并为其提供充足的资金支持时,绿色施工才能够得到有效实施。

最后,施工单位需要建立起一套完整的组织架构和管理体系,确保绿色施工从规划到实施的每一步都能达到预定的目标。这包括目标设定、责任分配、管理制度建立以及技术措施的应用等,同时还需建立一套完整的记录系统,以便对绿色施工的效果进行跟踪和评估。

通过上述措施的实施,可以有效地推动绿色施工的全面发展,实现建筑行业的可持续发展目标。这需要政府、业主、施工单位等多方面的紧密合作与共同努力,以确保绿色施工的理念得到广泛的认可和实际的应用。

4.增设绿色施工措施费,促进绿色施工

为进一步促进绿色施工的广泛实施,提出了增收绿色施工措施费的建议。这一措施不仅有助于提升我们的生活环境,而且对国家和人民的福祉都具有重要意义。鉴于绿色施工面临的主要障碍之一是成本的显著增加,借鉴过去成功经验,如"强制设立人防费"的做法,建议政府相关部门在项目启动之初,向业主征收一定比例的"绿色施工措施费"。这笔费用的征收和使用应当具有明确的目标和规范,根据施工过程中实际达到的绿色施工标准,将收取的费用全额或部分拨付给承建单位,以奖励其采取的绿色措施;若绿色施工标准未达成,则可以考虑收回费用,用于环境保护和治理等公益项目。这种做法可以有效激励建筑企业和业主重视并实践绿色施工,进一步提高绿色施工的质量和水平,对改善和保护生态环境产生积极影响。

5.开展绿色施工技术和管理的创新研究和应用

推广绿色施工的根本在于技术和管理的创新研究及其应用。传统的工程施工目标主要集中在工期、质量、安全以及成本控制上,很少涵盖环境保护方面的内容。为了促进绿色施工的发展,必须对现有的施工技术和管理方法进行改革和创新,使之符合绿色施工的要求,建立起与之相适应的工艺技术标准。此外,广泛开展与绿色理念相符合的技术创新研究至关重要,这包括新技术的开发、资源循环利用技术、绿色建材以及施工工具的应用等方面。同时,建立起产、学、研、用相结合的应用推广机制,加速淘汰那些污染严重的旧技术和方法,推动施工行业向工业化、信息化方向转型,有效实施绿色施工。通过这些措施,可以为绿色施工提供坚实的技术和管理支持,确保其在实践中的有效执行和持续发展。

(二)推进绿色施工的迫切性和必要性

推动绿色施工的迫切性和必要性体现在多个方面,不仅是为了应对环境污染和资源日益枯竭的挑战,也是为了适应社会发展和经济转型的需求。

首先,环境问题的日益严峻使得绿色施工成为一项迫切需要。随着工业化和城市化进程的加速,建筑业作为重要的物质文明建设者,其能耗和资源消耗居高不下,建筑过程中产生的废弃物、噪声污染和扬尘问题对环境造成了极大的压力。绿色施工通过采用节能减排、资源高效利用和环境友好的施工技术和管理措施,能够有效减轻建筑活动对环境的负面影响,实现经济发展与环境保护的和谐共生。

其次,资源的有限性要求建筑行业必须转变传统的施工模式,向绿色施工转型。传统的建筑施工往往以达成工期和成本为主导,忽视了资源的有效利用和环境保护。而面对全球资源紧张的现状,绿色施工通过提高材料利用率、采用可再生资源和循环利用建筑废弃物等措施,能够为建筑行业的可持续发展提供支持,确保资源的有效利用和长期供应。

再者,社会公众环保意识的提高也要求建筑行业必须采取更加环境友好的施工方式。现代社会,人们对健康和生活质量的要求日益增高,对环境保护的关注也不断上升。绿色施工不仅能够减少施工过程中的污染,提高施工效率,还能够在建筑使用过程中为人们提供更加健康、舒适的居住和工作环境,提升社会公众的满意度和幸福感。

此外,政府对绿色低碳发展的政策导向也为绿色施工的推广提供了法律和政策支持。面对全球气候变化的挑战,各国政府纷纷出台了一系列促进绿色建筑和绿色施工的政策措施,鼓励和引导建筑行业向绿色转型。这些政策不仅提供了绿色施工的标准和要求,还通过提供财政补贴、税收优惠等激励措施,促使建筑企业和业主积极响应,推动了绿色施工的实施和发展。

最后,技术进步为绿色施工的实施提供了可能。随着新材料、新技术的不断涌现,绿色施工方法和手段不断丰富和完善,这些新技术不仅提高了施工效率和质量,还降低了施工成本,使得绿色施工成为可能。

综上所述,从环境保护、资源节约、社会需求、政策引导到技术支持等多个角度看,推进绿色施工不仅是建筑行业发展的必然趋势,也是实现社会可持续发展的重要途径。因此,加快推动绿色施工的实施显得尤为迫切和必要。

第三节　绿色建筑评价

一、可持续发展与绿色建筑评价

建立绿色建筑体系是一个涉及多方面合作的综合性项目,不仅需要环境工程师和建

筑师运用可持续设计理念,还要求决策者、管理者、社区组织、业主和终端用户都具备环保意识,并参与到整个建设活动中。这种跨领域的合作模式,强调在整个建筑过程中确立一套明确的环境评价标准,以达成共识并确保这些标准得以实施。因此,发展绿色建筑体系急需借助现代科技评估手段。

虽然目前已经引入了诸如生命周期分析、生态数据库和生态模型等评价方法,但这些主要基于环境科学角度,对于满足建筑行业的具体需求尚存在局限。这些方法面临的挑战包括数据收集的难度、模型的复杂性以及操作上的不便捷,这些都要求专业人员投入大量的时间和资源。因此,迫切需要开发出既简单又实用的评价工具,这种工具能够全面考量生态系统与城市基础设施、生物与非生物要素、社会与经济等多重因素,涵盖建筑环境评价的各个层面,如建筑性能、功能使用、设施条件、建设过程、材料应用、维护管理以及建筑对外部环境的影响和内部环境的舒适度等。因此,对绿色建筑的评价应成为一种全面理解和评估环境影响的新途径。

（一）绿色建筑评价的界定

绿色建筑评价是对建筑在其生命周期内环境效率和可持续性的综合评定,旨在最大化节约资源、保护环境、减少污染,并为居住者提供健康、适用且高效的使用空间,以实现与自然的和谐共生。这一评价体系不仅关注建筑的能耗和材料使用,而且涵盖了建筑对周边环境的影响、对居住者健康和舒适度的贡献以及建筑的整体生命周期成本。

首先,绿色建筑评价体系以节能、节水、节地、节材(简称"四节")为核心,强调在建筑的设计、施工、运营和拆除等全过程中减少资源的消耗。这不仅包括优化建筑设计以减少能源需求,还包括采用可再生能源和高效能源系统、减少水资源消耗、合理使用土地资源以及选择可循环、可再生的建筑材料。

其次,保护环境是绿色建筑评价的另一重要维度,这包括减少建筑施工和使用过程中的污染排放、提高建筑物的环境适应性和生态效益,以及增强建筑与自然环境之间的协调。这一维度要求建筑项目在选址、设计、施工和运营过程中均应考虑到环境保护的要求,采取有效措施减少对自然环境的负面影响。

再者,绿色建筑评价体系还着重于建筑的室内环境质量,包括空气质量、光照、声环境和室内温湿度等,旨在为居住者提供健康、舒适的居住和工作环境。这意味着在建筑设计和施工过程中需要采取措施,如使用低污染材料、保证室内空气质量、合理控制室内光照和声音水平,以及提供舒适的室内温湿度条件。

最后,绿色建筑评价强调建筑的经济性和社会责任。这包括建筑在整个生命周期内的经济效益分析,考虑到节能减排和资源节约所带来的成本节省,以及建筑的社会效益,如提升居住者的生活质量、促进社会可持续发展等。

综上所述,绿色建筑评价是一个多维度、系统性的评价体系,旨在通过科学合理的评价方法和标准,促使建筑项目在环境效率和可持续性方面达到最优,推动建筑行业的绿色转型和可持续发展。

(二)评价目的

由于绿色建筑体系所涉及的领域众多。牵涉到的人员复杂。各方面均有不同的要求和计划。必然造成对于评价内容与指标的不同期待。所以。清楚了解绿色建筑评价方法的总目标及预期结果。对于最终成果的成功与否有着重要意义。

1.可持续发展的运行

"可持续发展"作为一个理想化的目标,其含义远远超越了单一的环境保护,它还关乎社会、经济以及所有人类活动的方方面面。鉴于人与人、国与国、代与代之间存在的不平等,以及其他诸多问题,如果绿色建筑的评价忽略了这些宽广的文化和社会背景因素,其价值将大打折扣。因此,绿色建筑评价体系必须被整合进可持续发展的广阔框架之中。此外,对于在可持续环境下的评价,需要深入探讨人类建设活动与环境之间的相互作用,确保这些活动不会超出地球生态系统自我调节和维持平衡的能力,尽管要完全搞清楚这个问题非常困难。

在这样的背景下,当前许多评价方法的目的是评估建筑在其生命周期中相对于以往对环境影响的改善程度。这种方法基于一种预设,即通过改进单个建筑的环境性能,可以减少整体的环境负担和资源消耗,进而达到环境保护的目标。因此,评价过程中更加注重对单栋建筑运行状况的评估,并将其与同一地区内类似建筑的性能进行比较,以衡量其改进的程度。

2.评价体系的设计工具

将评价工具作为设计阶段的辅助工具,意味着对这些工具的内容和定义需要进行扩展和深化,以使其在设计初期就发挥出价值。这种转变涉及评价框架的结构调整和操作者技能的提升两大维度。

在设计阶段,评价工具应具备以下三大核心功能:首先,能够明确环境目标,并为设计策略和方法的选择提供指导性建议,帮助解决环境问题。其次,要能够支持设计阶段的快速决策制定,预测采用特定设计方案后的环境效益。最后,需要能够与建筑设计的其他元素和标准相结合,确保环境目标与建筑整体设计和功能需求的协调统一。

由于设计阶段需要大量建筑信息,而这些信息在设计初期不易获取,因此,将评价工具作为设计工具使用时,应遵循的总体原则包括:确保工具能够协助决策者和设计团队聚焦于环境问题的关键点,避免因关注次要或复杂问题而分散注意力;工具应条理清晰、简捷有效,能够促进设计结果的发展,并允许进行设计方案和评价结果的对比;并且便于早期进行评分,以便设计人员或业主能够及时作出调整。

此外,理想的设计辅助工具应能够轻松整合和利用设计师已经在使用的其他工具(如CAD系统)中的数据。同时,精确且大量的信息输入需要由具有专业知识和技能的专家团队来完成,这意味着设计团队需要具备相应的专业知识和操作技能,以保证评价工具能够被有效地应用于设计阶段。

总之,将评价工具作为设计工具使用,既要求工具本身具备高度的适应性和实用性,也要求设计团队具有相应的环境意识和专业能力,以确保能够在设计阶段充分实现绿色建筑的环境目标和效益。

(三)应用的普遍适用性

绿色建筑评价系统的设计旨在满足客观性与吸引性两大基本需求:确保评估结果的真实性和可靠性,同时激发建筑所有者对环境改善所带来积极效益的认识。达成这两个目标需要评价指标在环境可持续性目标与建筑所有者需求间找到平衡。目前,实现这样的评价程序在实践中仍面临挑战,且将其简化为更易于操作的系统以满足上述要求尚不明确。

为了推广评价工具的广泛应用,可以考虑以下策略:

1.简化评价指标

减少评价指标数量,并设立一系列标准化的基准,以使评价过程更加简单化和规范化。

2.数字化评价工具

在建立评价系统框架后,与软件或网络开发公司合作,实现评价工具的数字化及在线应用。这不仅有助于工具的执行和持续改善，还便于定期进行更新和升级。

此外，鉴于评价工具强调基准水平和对地域特性的敏感性，当将工具应用于不同地区时，需设立指导机制，以确保评价方法可以针对特定地域特征进行适当的调整和优化。这一机制有助于确保评价工具在不同环境和地理条件下的有效应用，同时达到可持续发展目标和满足建筑所有者的期望。

通过上述措施，绿色建筑评价系统将更有可能成为实现建筑行业可持续发展目标的有力工具，同时为建筑业主提供明确的环境改善路线图和激励措施。

二、评价结构框架的建立

评价体系的级次结构是各因子之间相互隶属关系和重要性的测度。根据对系统的分析。将所含的因素分系统、分层次的构成一个完善、有机的层次结构。各种因子的次序、位置关系、权重程序以及量化指标等可一目了然。

（一）建构框架

绿色建筑评价的总目标和指导思想旨在适用于全球任何地区的建筑项目，为特定地区和特定建筑类型的评价方法提供了一个明确的出发点。以下是建构有效评价框架的关键原则：

1. 简化评价框架

在设计评价框架时，避免过于复杂的方法，专注于包含核心尺度内的关键因素。这样做可以缩小工作范围，允许对特定问题进行更深入的思考并获得及时、有用的反馈，从而深入、透彻地分析和评价具体程序。

2. 基于现有资料和数据

评价操作因素应建立在已有的资料和数据上，以便在评价阶段可以直接利用这些信息，或通过适当的工具进行计算。

3.建立通用计算方法或指导原则

制定一套广泛适用的计算方法或指导原则至关重要,同时也需考虑到不同地区的具体情况和参数,以适应不同尺度的研究需求。例如,温室效应气体排放应在全球范围内考虑,而土地利用问题则应在区域或社区范围内讨论。

4.评价框架的主要方面

绿色建筑评价框架应涵盖以下几个主要方面:

第一,在建筑营造和使用过程中有效保护环境,主要通过节能减少对空气、土地和水的污染,提高环境质量。

第二,谨慎使用自然资源,包括提供耐用和可调整的建筑以适应使用的变化,选用环境友好材料,鼓励循环使用和建筑的重复使用,高效利用土地和水资源。

第三,促进经济发展,确保所有人的生活水平持续提高,包括当前和未来的代际。

第四,减少有害物质的使用,提供高品质的建成环境和室内环境,保障使用者的舒适和健康。

第五,降低设备系统的初期安装投资和长期运营费用。

第六,利用可再生资源,减少对不可再生资源的依赖。

通过遵循这些原则,绿色建筑评价可以作为一个强大的工具,不仅促进了环境的可持续发展,还满足了建筑所有者和使用者的需求,同时考虑到经济效益和社会责任。

(二)操作运行范围

绿色建筑评价的结构应围绕关键维度构建,包括资源利用、生态负荷、室内环境质量、营造过程、建筑寿命以及文脉等方面。资源利用和生态负荷是界定绿色建筑的基础,而室内环境质量虽然同样重要,其具体的"绿色"标准却难以明确界定。

建筑的地理位置和公共设施的可达性是评价中一个重要的环境

考量因素,因为它们直接关联到交通工具的能源消耗和生态影响。不同家庭对于附近设施的需求不同,如儿童活动场所、托儿所、停车场或文体活动设施,这些需求差异会影响建筑的资源消耗和生态负担。因此,在做出设计决策时,考虑到交通能耗是避免不良环境后果的关键。然而,这些因素是否能在设计中得到有效控制,依赖于它们在评价工具中的地位和作用。特别是在以下几个方面需要清晰的界定:

第一,评价建筑环境影响与社区环境影响的差异:明确建筑个体与其所处社区环境之间的相互作用,以及两者在评价中的不同影响。

第二,评价工具的适用范围和目的,以及建筑的特定边界:定义评价工具的应用目标和范围,以及如何界定建筑的环境影响边界,是设计评价方法时的基础。

在制定评价标准时,排除因使用者个别需求而变化的因素,聚焦于能够提供关于建筑附近服务设施信息的指标可能更加有益。同时,关注那些有助于减少人与汽车使用、从而降低环境影响的因素至关重要,这不仅涉及交通策略,也关系到建筑设计与规划的整体思考。通过这种方式,绿色建筑评价工具不仅能够为设计提供指导,还能在更广泛的范围内促进环境可持续性。

(三)种类与尺度

在构建评价体系时,包含的组成因素越是细致和全面,操作和管理的复杂度就越高。因此,明确区域特征和建筑类型变得极其重要。通过对建筑进行分类和确定其服务的区域尺度,可以有效简化评价过程,使之更为针对性和实用。例如,对于商业建筑和住宅建筑采用不同的评价指标,或者根据建筑所在的气候区域调整评价标准,这都有助于提高评价工具的可操作性和有效性。这种方法不仅减轻了评价的操作负担,还能确保评价结果更加准确和有意义。

(四)生命周期框架

生命周期评价(LCA)是环境研究中用于比较不同材料、部件、服务影响的重要工具,提供了一种全面评价产品或服务从生产到废弃全过程环境影响的方法。在绿色建筑评价中,虽然已经开始借鉴生命周期的概念,但目前的应用往往局限于部分阶段,而未能充分利用LCA提供的全面视角。

为了提高评价的效果和实用性,绿色建筑评价体系应更深入地融合生命周期框架。这意味着不仅要考虑建筑的设计和营建过程,还要涉及其使用、维护、最终拆除甚至材料回收的全生命周期。例如,通过评估建筑材料的生产、运输、使用和回收过程中的能源消耗和环境影响,可以更准确地识别出建筑实际的环境足迹,从而指导采取更环保的设计和施工方法。

整合生命周期框架不仅能够促进对建筑整体环境效应的全面理解,还能指导实践中更为可持续的决策,实现从材料选择到建筑设计、施工、使用乃至拆除的每一个环节的环境优化,促进建筑行业的可持续发展。

三、绿色建筑评价范围

绿色建筑评价体系的构建涉及平衡复杂性和易用性,同时确保能够适用于实际应用的挑战。以下是该体系构建的关键方面:

(一)构成因子

为了避免在评价过程中消耗过多的时间和资源,评价工具的输入模型应该简化。评价因子和亚因子需要被划分为关键和非关键,专注于那些至关重要的问题,同时忽略次要问题。这种划分应根据特定情况进行调整,保证关键因子和亚因子在系统内具有一定的稳定性。如果某些因子与评价的特定区域或案例建设无关,那么这些因子应被排除。但是,根据评价的目的不同,这种划分有时需要调整。

(二)指标数据的收集

绿色建筑评价依赖于大量的指标数据,包括相关因子的规则与标准、运行特征、运行指标及建筑设计和材料的基本数据等。在数据收集过程中可能遇到的问题包括数据量过大、所需数据无法获得以及数据获取时间限制等。因此,评价工具的输入模型需要达到一种精简和适用的平衡。

（三）定性和定量评判

绿色建筑评价工具包含了比传统建筑评价方法更广泛的操作问题,包括定量的和定性的评价。对于那些当前难以准确定义的操作领域,需要更多地采用定性描述。定性和定量评价的比重应相等,如果无法实现,应考虑减少较少细节的定性部分,依赖于描述性的评价。一些非常模糊的定性打分指标虽不能作为指标评价的一部分,但可以作为描述性评价的一部分。

（四）参照建筑

通过设定"参照建筑"形成评判的基准点,这样的建筑与被评估建筑在尺度、类型和地区上具有可比性,为该地区同类建筑提供了一个基准。这种方法能够减少规范化过程中的错误,因为营建的建筑是在相似尺度、同一地区、相同用途的基础上进行比较的。

通过精心设计这些评价维度,绿色建筑评价体系不仅可以提供全面而准确的评价结果,还能确保评价过程的高效和实用,支持可持续建筑实践的发展。

（五）操作指标

面对室内环境和材料数量评价中的挑战,以下是一些具体的解决策略:

1.室内环境评价策略

第一,代表性空间选择:由于每个室内空间的环境条件可能不同,选择一或几个有代表性的空间进行详细评价,可以作为整个建筑环境性能的代表。这些空间应考虑不同使用功能、方位以及自然光和通风条件等因素。

第二，模拟和预测：利用现代建筑环境模拟软件，对建筑内部的热环境、日照、自然通风等进行模拟分析。这可以帮助评价者理解不同设计决策对室内环境的影响，从而提出改进建议。

第三，标准化评价方法：发展和采用一套标准化的室内环境评价方法，该方法应能够灵活适应不同类型和用途的建筑，同时考虑到特定区域内的室内环境标准和要求。

2. 材料的数量

第一，目标材料选择：优先考虑对环境影响最大的材料，如高耗费能源的生产过程或不易回收的材料。确定这些关键材料后，专注于收集这些材料的相关数据。

第二，简化评估方法：开发简化的评估方法来评价材料的环境影响，如使用生命周期评估（LCA）的简化版本或者采用预定义的环境影响系数。

第三，循环和废弃管理：计算建筑中可循环和废弃材料的百分比，以鼓励使用可回收材料并减少废弃物。

3. 具体的能耗

第一，整合能耗模型：使用综合能耗模型来评估建筑的总能耗，包括采暖、制冷、照明、通风等所有相关能耗。

第二，能源效率标准：参考国家或国际的能源效率标准，如 LEED 或 BREEAM，以此来衡量建筑的能效表现。

第三，利用技术进步：采用新技术和材料来提高能源效率，例如使用高效窗户、保温材料以及智能建筑管理系统。

4. 空气中的排放物

第一，排放物量化：明确量化建筑运营和建筑材料生产过程中的关键排放物，包括二氧化碳、氮氧化物、硫氧化物等。

第二，排放减少策略：采用有效的策略来减少建筑运营和使用过程中的排放，如优化能源使用、选择低排放材料和技术。

第三,利用数据库和工具:使用现有的环境数据库和生命周期评估工具来辅助评估和管理建筑的环境影响。

通过这些策略,可以在绿色建筑评价中更有效地处理材料数量、能耗,以及排放物的问题,从而促进建筑的环境绩效,并推动建筑行业向更可持续的方向发展。

(六)量化评分

在构建绿色建筑评价体系时,确立清晰、合理的评价流程至关重要。以下是对提出的评价过程的细化和实用化建议:

1.获取分数

(1)统一评分标准

所有因子和亚因子的评分应在固定的范围内进行(例如2到5分),并为每个指标设定最低和最高分值。这样的标准化有助于保持评价的一致性和可比性。

(2)环境允许度

评分基于环境的承受能力,并考虑到达到特定环境标准的难度和相关费用。这意味着评价不仅反映环境影响,也考虑实施成本。

(3)地区适应性

评价标准应适应不同地区的实际情况,设定实际可行的"零点"标准。对于某些指标当前尚难达到的地区,应设定长期目标,鼓励持续改进。

2.权重

(1)权重设定

通过权重设置,可以突出某些因子的重要性,如它们对人类健康或环境的潜在影响。权重的分配既考虑了因子的环境和健康重要性,也考虑了获取和实施的难度。

(2)主观与客观的平衡

尽管权重设定包含主观判断,但应通过专家咨询和科学研究来支持这些决策,确保权重的分配既合理又有实际依据。

(3)易于操作的基准点

对于难以实现的环境标准,应设置更为宽松的基准点,以鼓励实际操作中的可行性和改进。同时,通过逐步提升标准来促进环境和健康表现的持续改善。

整体而言,绿色建筑评价体系的目标是提供一个既反映环境和健康影响,又考虑实施可行性和成本效益的评价工具。通过合理设定评分标准和权重,可以使评价过程既严格又灵活,既能够指导当前的设计和建造实践,也能为未来的改进和发展设定目标。

四、操作过程与评价方法

(一)操作过程概述

绿色建筑评价方法的制定和实施,确实是一个旨在平衡多方面因素的复杂过程。这个过程不仅关乎技术层面的评价,也涉及评价的目标、方法的应用范围,以及如何确保评价过程的客观性和再评性。从您的阐述中,我们可以进一步细化和强调以下几点关键要素,以促进绿色建筑评价体系的有效性和实用性:

1.明确的目标

定义明确的评价目标:确立清晰、具体的评价目标是评价方法成功的关键。这些目标不仅需要明确指出评价的终极目的(如促进环境保护、提高能效等),还应区分评价工具在设计阶段和建筑运营阶段的不同作用。

2.复杂与简便的平衡

平衡评价的复杂性和操作性:评价方法需要在保持足够评价深度的同时,尽可能地简化操作过程。这意味着在关键和次要评价因子之间需要有明确的区分,以便评价过程既全面又高效。

3.明确的准则

适应性强的评价准则:评价方法应具备足够的灵活性,以适应不同地区的环境条件、社会发展和经济状况的变化。同时,保持客观性和可重复性是至关重要的,确保不同评价者对同一建筑给出相近的评价结果。

4.合作与共识

鼓励跨专业合作:绿色建筑评价过程应鼓励设计小组成员、建筑行业的不同部门及相关社团之间的广泛交流和合作。通过共识形成行动准则,实现绿色建筑的目标。

5.综合性与系统性

建立综合性评价体系:绿色建筑评价方法应综合考虑能源使用效率、室内空气质量、废物管理等多个方面,提供一个实用的框架,以促进协同合作和优先级设置。

6.全球和地区的统一目标与多样性

适应全球与地区的需求:虽然全球各地的绿色建筑评价体系在目标和原则上保持一致,但应根据当地的具体环境条件和发展水平进行适当的调整和定制。

通过这些关键要素的细化和强调,绿色建筑评价方法可以更有效地促进可持续建筑实践,同时适应各个地区的特定需求和挑战,推动全球建筑行业的可持续发展。

(二)评价方法

生命周期评价(LCA)在建筑行业的应用增加,是因为它提供了一个全面评估建筑产品和过程对环境影响的方法。建筑行业的研究者和软件开发商对LCA的兴趣主要由以下几个原因驱动:

1.建筑行业的环境影响

建筑行业是全球能源消耗和温室气体排放的主要来源之一。通过应用LCA,可以评估建筑设计、施工、使用、维护、拆除及材料的回收利用等各个阶段的环境影响,从而辅助设计和实施更加环境友好的建筑策略。

2.提高资源效率

建筑过程中使用了大量的资源,包括水、能源和原材料。LCA 能够帮助识别节省资源的机会,优化材料选择和使用,减少浪费,提高建筑的整体资源效率。

3.支持可持续发展的决策

随着可持续发展理念的普及,建筑项目越来越需要在设计和建造过程中考虑环境因素。LCA 提供了一种定量分析方法,帮助决策者从环境角度评估不同设计和建造选项的影响,从而做出更加可持续的决策。

4.应对政策和市场需求

政府和市场对建筑的环境表现提出了越来越高的要求,如能效标准和绿色建筑认证。通过 LCA,建筑行业可以更好地应对这些要求,证明其项目的环境绩效,获得认证,提高市场竞争力。

5.复杂性带来的挑战

与其他行业相比,建筑项目的复杂性更高,涉及的材料和过程更多,使用寿命更长。这增加了进行 LCA 的复杂度和挑战,但同时也提高了 LCA 在建筑行业中的重要性和价值,因为它能够提供关于复杂系统环境影响的深入洞察。

因此,尽管面临挑战,如此多的研究人员和软件开发商在建筑行业中研究 LCA,是因为它作为一个工具,能够为建筑的可持续发展提供支持,帮助行业应对环境挑战,同时满足政策和市场对环境表现的要求。

第一节　绿色建筑的室外环境

一、室外热环境

室外热环境的构成受到多种因素的影响,包括太阳辐射、风力、降雨以及人为的热排放(如空调、汽车排放等)。太阳辐射通过直接和散射的方式加热地表,与地面接触的空气因热传导而加热,并通过对流过程将热量传递到更高的空气层。同时,地表的水域、湿润的表面和植被通过蒸发过程向空气中释放水蒸气,进一步通过对流作用在更广泛的环境中传播。人造热源和污染物同样通过空气对流在环境中循环。此外,降水和云层对太阳辐射具有一定的减弱效应。

热环境主要指影响人体感受温度的环境因素,如空气温度和湿度。人们对温度变化非常敏感,长时间处于极冷或极热的环境中可能会引起健康问题。在这里,我们着重介绍室外热环境。

中国古代的城市规划常常重视选择有利于调节城市热环境的地理位置,如"依山傍水"的选址原则,不仅是为了生活便利,也是为了利用水体和山地对城市温度的自然调节作用。例如,水体可以通过与空气的热交换,在夏季吸收空气中的热量,从而降低周边区域的温度。山地则能影响城市的风向和风速,同时,山上的植被也有助于改善城市热环境。北京利用燕山山脉和太行山脉减缓冬季寒风和夏季海风,维持舒适的城市温度。相比之下,济南虽然拥有丰富的泉水资源,但由于地理位置的特殊性,仍难以避免夏季高温。

在建筑群规划设计中,除了满足基本的功能需求外,创造一个优良的室外热环境同样十分关键。传统上,人们通过增加绿化来改善室外热环境。然而,近年来设计师们开始更多地关注到空气流通的重要性,并认识到通过巧妙的建筑布局可以有效地引导自然风,形成所谓的"风道"。这种做法旨在有意识地调节区域内的风向和风速，以提高空气流通性，满足建筑功能的需求，同时也为室内环境的自然通风条件提供支持，被形象地称为"无形的流动风景"。因此，良好的室外热环境成为了实现绿色建筑的一个关键因素。

二、室外热环境规划设计

（一）中国传统建筑规划设计

为适应当地气候条件，解决保温、隔热、通风和采光等问题，中国传统建筑尤其是传统民居运用了众多简便而有效的生态节能技术，从而优化了微气候环境。以下以江南地区的传统民居为例，来说明气候适应策略在建筑规划与设计中的实践。

江南地区，以其纵横交错的河道而闻名，其城镇布局深受此地形特征的影响，典型地表现为依河而建，水边筑屋，形成了独特的水乡景观。水体不仅是一个优秀的热量储存介质，还能自然调节聚落内部的温湿度，利用水体的温差效应加强通风。

建筑群落在布局上采取了分层次的组合方式，即"间—院落（进）—院落组—地块—街坊—地区"，并使住宅区的道路和街巷主要朝东南方向布局，与夏季主导风向形成平行或垂直于河道的方向，从而促进自然通风。

此外，建筑群体的横向排列既密集又规整，相邻建筑共享山墙，有效减少了外墙面积。这种布局不仅能减轻太阳辐射带来的热量负担，还能通过建筑本身的遮阳达到良好的冷却效果。

这些传统的建筑规划和设计策略充分体现了对自然环境条件的深刻理解与应用，展示了传统民居在气候适应方面的智慧与技术，为今天的绿色建筑提供了宝贵的参考和启示。

（二）目前设计中存在的问题

随着科技进步，室内环境控制设备的广泛应用和对室外环境规划关注不足，导致规划师们往往将重点放在建筑的平面布局、美学设计以及空间的有效利用上，忽视了环境规划技术顾问的作用，使得城市规划设计中很少考虑到热环境的影响。目前城市规划设计面临的主要问题包括：

1.高密度建筑区的问题

城市中心区域因土地紧张而出现高楼密集现象,导致该区域风速下降,辐射吸收增多,气温升高。

2.过多使用不透水铺装

城市与乡村最大的不同之一是城市地面大量采用不透水铺装,使得太阳辐射的热量大部分转化为显热,增加了近地面大气的热量。比如,在东京,城市内部约50%的净辐射量以显热形式传递给大气,而郊区这一比例仅为约33%。

3.建筑布局不合理

不理想的建筑布局导致小区内通风不良。在小区风环境规划中,建筑物的间距、排列和朝向直接影响建筑群的热环境。规划师在设计时需考虑如何利用主导风向实现夏季降温和冬季防寒,并将室外风环境设计与室内通风相结合。

4.绿地规划不合理

绿地是改善热环境的关键因素,通过有效的规划可实现遮阴、促进良好的风循环,并通过植物的潜热蒸发作用减少多余太阳辐射热,从而降低气温。然而,未经深思熟虑的绿地设计可能会带来相反的效果,如水景布置在风较小的区域可能会使区域更加闷热;树木布置在风口处则可能阻碍气流,导致通风不畅。因此,绿地规划应充分考虑当地气候环境、建筑朝向等实际情况,科学选择植物种类、绿化率及布局方式,以达到最佳的绿地规划效果。

（三）气候适应性策略及方法

在生态小区规划和绿色建筑设计中,实现气候适应性是一个核心挑战。这要求设计者深入理解和适应所处地区的气候特征,同时利用这些特征来促进环境的可持续性。根据生态气候地方主义理论,建筑设计应遵循一系列步骤,包括气候、舒适度、技术和建筑设计本身。具体实施策略如下：

1.气候地理数据调研

首先需要收集设计地区的气候地理数据，包括温度、湿度、日照强度、风向风力以及周围建筑布局和绿地水体的分布情况。这一步骤旨在明确地块环境受气候地理因素的影响，为后续设计提供基础。

2.评估气候影响

进一步分析这些气候地理要素对所规划区域环境的具体影响，评价各要素在不同季节和时间段内对室内外环境的潜在影响。

3.技术应用

依据气候地理要素与区域环境要求之间的关系，运用技术手段解决潜在的矛盾，如通过建筑日照和阴影评价来优化建筑方向和布局，通过气流组织分析来改善自然通风，以及采取相应措施减轻热岛效应。

4.技术手段的建筑设计

在了解特定地区各种气候要素的重要性基础上，应用相应的技术手段进行建筑设计，努力寻找最佳设计方案。设计时需充分考虑建筑的朝向、形态、材料选择以及绿化布局等，以确保建筑与周边环境的和谐共生，实现建筑物内外的舒适度和环境可持续性。

通过这一系列步骤，可以有效地将气候适应性策略融入生态小区规划和绿色建筑设计中，不仅提升建筑的舒适度和功能性，还能优化其环境绩效，促进建筑与自然环境的和谐共生。

（四）室外热环境设计技术措施

1.地面铺装

地面铺装种类繁多，按其透水性能分为透水和不透水铺装。具体如下：

（1）水泥和沥青

这两种材料具有不透水的特性，因此无法通过潜热蒸发来降温。它们吸收的太阳辐射能通过导热与地下进行热交换，或以对流的方式释放到空气中,还有一部分通过长波辐射与大气交换。由于沥青路面的太阳辐射吸收系数较高,因此其表面温度更高。

(2)土壤和透水砖

这两种材料能够透水,因此雨水过后可以保持一定水分,太阳曝晒时通过水分蒸发来降低表面温度,减少热量散发到空气中。特别是在亚热带地区,夏季午后常有降雨,如果能有效利用这一特点,对于改善城市的热环境将非常有益。

2.绿化

绿地和遮阳不仅是塑造宜居室外环境的有效途径,同时对热环境影响很大,绿化植被和水体具有降低气温、调解湿度、遮阳防晒、改善通风质量的作用。而绿化水体还可以净化水质,减弱水面热反射,从而使热环境得到改善。

(1)蒸发降温

通过植物蒸发散热和水分蒸发是降低室外环境温度的有效手段。在绿地区域,吸收的太阳能主要用于水分蒸发和植物的光合作用,而其中大部分能量用于蒸发散热和加热空气,光合作用消耗的能量相对较少。相比于透水砖,绿地和水体的蒸发能力更强,且其蒸发量受持续晴朗天气的影响较小,不会因长时间的晴天而大幅减少。特别是树木,由于其叶面积大约是地面种植面积的 75 倍,草地的草叶面积的 25～35 倍,因而能够吸收大量太阳辐射热,有效降低空气温度。

绿地对小区的降温和增湿效果因绿地的面积、树木的高矮及树冠的大小而异,关键在于拥有足够大面积的绿地。环境绿化时适当配备水池和喷泉等水体,对减少热辐射、调节空气温湿度、净化空气以及冷却热风都有显著作用。例如,经过绿化地带后,气温可以降低 1.0～1.5℃,湿度可增加约 5%。因此,在现代化社区规划中,规划一定面积、树木密集的公园和植物园是非常必要的。

地面种植草坪对于降低路面温度也有明显效果,比如夏季水泥路面温度可达 50℃,而草地表面温度仅为 42℃,对改善近地面气候具有重要影响。在《近地气候问题》一书中,盖格详细描述了1.5m高空气层内温度随时间和空间的显著变化,这些温度变化受到土壤反射率、密度、夜间辐射冷却、气流以及土壤被建筑或植被遮挡等因素的影响。

(2)遮阳降温

实践经验表明,茂密的树木能够有效地阻挡50%～90%的太阳辐射热,而草地上的草能遮挡约80%的太阳光。在典型的大叶榕、橡胶榕、白兰花、荔枝和白千层等树种下,距离地面1.5米处的太阳辐射热量仅为透射到地面总量的10%左右;而在柳树、桂木、刺桐和枯果等树种下,透过的太阳辐射热量为40%～50%。绿化的遮阴效果可以显著降低建筑物和地面的表面温度,经过绿化的地面辐射热量仅为未绿化地面的1/15～1/4。

在夏季,太阳直射下,密集的树冠不仅能将20%至25%的太阳辐射反射回天空,而且还能吸收掉35%的太阳辐射。此外,树木通过蒸腾作用吸收了大量的热量。一公顷茂密的森林每天能向大气中蒸发8吨水,同时消耗的热量达到16.72亿千焦。晴朗天气下,林荫处的气温明显低于空旷地带,展现了绿化对改善微气候环境的重要作用。

(3)绿化品种与规划

在建筑绿化中,乔木、灌木和草地是主要的植物类型,它们在改善室外热环境方面起到了不同的作用。灌木和草地主要通过蒸发作用帮助降温,而乔木除了蒸发降温外,还具有遮阳效果。因此,就改善热环境的效果来说,乔木的作用大于灌木,灌木又大于草地。

乔木的生长形态多样,包括伞形、广卵形、圆头形、锥形、散形等,其中一些树形可以通过人工修剪进行调整,尤其是散形树木。在南方地区,适宜种植树冠呈伞形或圆柱形的遮阳树种,如凤凰树、大叶榕、细叶榕、石栗等,它们覆盖范围广且高大,对风的阻挡效果较小。此外,攀缘植物如紫藤、牵牛花、爆竹花、葡萄藤、爬墙虎、珊瑚藤等,也可以形成水平或垂直的遮阳,对改善热环境有积极作用。

城市绿化形态可以分为分散型绿化、绿化带型绿化以及通过提高建筑层次释放地面空间进行绿化等类型。分散型绿化能够减弱城市整体的热岛效应；绿化带型绿化则能将城市形成的庞大热岛效应切割成小块，对于城市热环境的改善起到了重要作用。

3. 遮阳构件

夏季，为了缓解室外高温带来的不适，采取有效的遮阳措施是提升城市户外公共空间舒适度的重要手段。设计中如何巧妙地运用各类遮阳设施以营造安全、舒适的户外活动空间，成为设计师们需考虑的问题。室外遮阳方式主要包括人造遮阳、植物遮阳和建筑遮阳等方法。以下主要探讨人工遮阳设施的应用：

（1）遮阳伞、张拉膜和玻璃纤维织物

遮阳伞作为一种在现代城市公共空间中常见且便捷的遮阳工具，广泛应用于商业活动等室外场合，能有效阻挡夏季强烈的阳光。随技术进步，张拉膜等新材料也被引入室外遮阳领域，不仅具备遮阳防雨功能，还因其独特的视觉效果，常被用于打造地标性建筑。

（2）百叶遮阳

百叶遮阳与其他遮阳方式相比，具有明显优势：优良的通风性能可有效降低表面温度，提高环境舒适度；通过设计合理的百叶角度，可根据冬夏季太阳高度角的差异，实现太阳能的有效利用；此外，百叶遮阳所产生的光影效果丰富多变，具有很强的美感。

（3）绿化遮阳构件

将绿化与建筑廊架结合构成的遮阳构件既有效利用了植物的遮阳和蒸发降温效果，大幅度降低了周围环境的温度，又因其高景观价值而被广泛推崇。这种遮阳方式不仅美化了环境，还为城市增添了生态价值。

综上所述，通过精心设计的人工遮阳设施，可以显著提高城市户外空间的舒适度和美观度，是夏季城市户外公共空间设计中不可或缺的元素。

第二节　绿色建筑的室内环境

一、建筑室内噪声及控制

建筑内部所遇到的噪声问题主要源自三个方面：工业噪声、交通噪声及日常生活噪声。工业噪声包括周边工厂、施工场地产生的声音；而交通噪声则涵盖了汽车的喇叭声、引擎运转声、轮胎摩擦地面以及制动的声音，火车的汽笛和轨道声也包含在内。此外，低空飞行的飞机同样能在室内造成显著噪声。至于生活噪声，则来源于使用暖气、通风系统、厕所冲水、洗浴、电梯等设施的过程中，以及居民的日常活动，如移动家具、大声交谈、使用音量过大的电器以及儿童的吵闹等。噪声在住宅内的传播途径包括空气传声和结构传声两种方式，前者是指噪声通过空气传播，后者则是通过建筑结构传播。

（一）噪声的危害

人类社会工业革命的科技发展，使得噪声的发生范围越来越广，发生频率也越来越高，越来越多的地区暴露于严重的噪声污染之中，噪声正日益成为环境污染的一大公害。其危害主要表现在它对环境和人体健康方面的影响。

建筑室内噪声主要由工业作业、街道交通及日常生活活动产生。工业噪声源自周边的工厂和建筑施工场所；街道噪声包括车辆喇叭、引擎运转声、轮胎与地面的摩擦及制动声，以及火车的汽笛和轨道声等。此外，飞机低空飞行也会在建筑内造成明显噪声。居民生活中的噪声来自使用暖气、通风系统、厕所冲水、浴室、电梯等，及家具移动、大声交流、音响电视音量过大和儿童嬉闹等。住宅中噪声的传递途径包括通过空气和建筑结构，分别称为空气传声和结构传声。

噪声对人的睡眠、工作、交流、听觉和健康有着显著影响。研究显示，40 至 50 分贝（dB）的噪声可干扰睡眠，60 分贝的噪声可使 70% 的人惊醒。长时间暴露于 85 至 90 分贝的噪声环境中可能导致听力损失。噪声还可影响中枢神经系统功能，导致头疼、记忆力下降，以及消化和心血管系统紊乱。视力清晰度降低及其他视觉器官损伤也是噪声的潜在影响。

噪声控制需要综合考虑源头降噪、传播途径控制和接收端保护。工业和交通领域可通过采用低噪声设备、改进生产工艺、使用阻尼隔震措施减少震动噪声,以及利用吸声、隔声技术控制噪声传播。同时,处于噪声环境中的个体可采取佩戴耳塞、耳罩等个人防护设备来减轻噪声影响。

(二)环境噪声的控制

1.环境噪声的控制分析

控制环境噪声涉及一系列步骤,包括:首先,进行噪声水平调查,确定声压级及噪声的来源和影响;接着,基于现状和噪声标准,明确需要降低的声压级;最后,综合采用降噪措施,这些措施包括城市规划、设计布局、建筑设计,以及具体的隔声、吸声、消声和减振技术等。

2.城市的声环境

城市声环境是评估城市环境质量的关键要素。通过合理的规划和布局,可有效地缓解和预防噪声污染,这不仅是最有效的方法,同时也最为经济。在中国,城市噪声主要来自道路交通,其次是工业源。道路交通噪声的级别受多种因素影响,如车流量、车辆类型、速度、道路条件以及周围建筑等。工业噪声,作为一个固定的声源,其特征和干扰程度差异较大,尤其是夜间作业对周边居住区的影响更为显著。地面及地下铁路噪声和震动受到路基、路堑及桥梁等结构的影响,声级和频谱等特性可能大不相同,对城市不同区域的影响亦有所区别。飞机噪声对城市各地块的影响则较为均一,其干扰程度依赖于噪声级别、频率和潜在的最大噪声源。

3.控制城市噪声的主要措施。

为了有效控制环境噪声,可以采取以下策略:

(1)与噪声源保持适当距离

声音的强度会随着从声源到接收点的距离增加而减少。对点声源而言,距离翻倍时,噪声水平可减少 6dB;线声源情况下,噪声水平减少 3dB。因此,确保噪声敏感区域如居民区与主要噪声源之间有足够的间距是减轻噪声影响的有效手段。

(2)设置声屏障以降低噪声

在声源与受影响区域之间建立屏障,能够有效降低噪声水平。屏障的降噪效果取决于声波通过的总距离、屏障的高度、声波衍射角度以及噪声的频谱特征。

(3)通过绿化降低噪声

利用绿化作为自然屏障,不仅能降低噪声,还能防尘、美化环境、调节气候。树叶能反射声波,通过多次反射将声能转化为动能和热能,从而减弱噪声。研究发现,某些树种可减少高达 10dB 的噪声。设计绿色屏障时,应优先考虑叶大且结构坚硬的常绿树种,以实现全年有效的噪声减缓效果。

(三)建筑群及建筑单体噪声的控制

1.优化总体规划设计

在城市规划与住宅区设计中,有效缓解交通噪声的关键在于综合考虑声源控制及其对环境的影响,实现交通噪声的根本减少。不可避免地,居住区周围会存在交通噪声,因此,控制车辆流量成为关键因素。在选择居住区用地时,应全面考虑声环境影响,避免单纯追求城市美观而忽略噪声控制。噪声控制应纳入居住区建设的可行性研究中,并作为基础设施规划的一部分。住宅区建成后,环境噪声水平是否达标应成为验收标准之一。

具体措施包括:

(1)机动车限制

在居民区入口或内部设置统一的机动车停车场,以减少车辆进入居住区的数量,从而降低车流量和车速,减少行车噪声及其他相关噪声。

(2)道路设计

采用尽端式道路布局或减少住宅组团的出入口,避免车辆穿行于居住区内,同时公交车的起点和终点不宜设置在居住区内部。

（3）加强交通管理

在居住区的重要出入口处设置门卫、居委会或交通管理机构,通过人员管理和技术手段加强交通管制,确保住宅区内部环境的安静与秩序。

通过上述措施,可以在规划和设计阶段有效地控制和减少居住区内的交通噪声,保证居民的生活质量和健康。

2.临街布置对噪声不敏感的建筑

当绿化带宽度受限,无法充分发挥隔声作用时,可通过在街道边缘布置对噪声不敏感的建筑物来作为声音屏障,以减轻噪声对住宅区内部的影响。这类对噪声不敏感的建筑,指的是那些自身不需要特别的噪声防护措施（例如商业建筑）,或虽需噪声防护但其外围结构已具备较好防噪效果的建筑（如装有空调系统的酒店）。通过巧妙利用噪声的传播规律,在住宅区规划设计中,可以将对噪声要求较低的公共建筑安排在靠近噪声源的街道一侧,以此为住宅区提供有效的声屏障。

面对交通噪声影响较大的街边住宅,由于实际条件的限制,外部交通噪声难以降至理想水平,因此常采用"牺牲一线,保护一片"的规划策略。这意味着沿街的住宅虽受到较大的噪声干扰,但通过在单个住宅设计上采取特定的防噪措施,可以确保整个小区内其他住宅及庭院区享有更为宁静的环境。这种方法既考虑了整体居住环境的改善,也兼顾了局部的噪声防护需求,是城市住宅区规划中的一种实用策略。

3.在住宅平面设计与构造设计中提高防噪能力

在面临基地技术或其他限制,难以通过外部措施满足政府规定的噪声标准时,通过增强住宅围护结构的隔音能力来削弱噪声是一个有效的方法。在建筑设计初期,就需要综合考虑建筑与噪声源之间的距离、建筑朝向以及平面布局,优先确保卧室等重要空间的安静。例如,可以将卧室等主要居住空间设计在远离街道的一侧,而把楼梯间、储藏室、厨房、浴室等辅助空间安排在靠近街道的侧面。若条件限制,亦可通过设计临街的公共走廊或阳台,并采用隔声措施来降低噪音影响。

在外墙的隔声设计中,门窗的隔声性能是衡量其质量的关键。高密封、工艺精良的铝合金窗和塑钢窗较普通钢窗具有更好的隔音效果,尤其是厚度为 4mm 的单层玻璃铝合金窗,隔声效能有显著提升。双层玻璃的改良钢窗隔声量可达到 30dB 左右。窗户采用优良的隔声材料或设计为双层窗,可以有效降低噪声。然而,在炎热的夏季,完全封闭窗户并不现实,此时可以采用具备自然通风和采光功能的隔声组合窗。这类窗户采用透明塑料板和微穿孔共振吸声结构,不仅可以透光和视线通畅,其间隙还能实现自然通风,同时有效减少噪声。据测试,这种窗户在关闭时的隔声效果与普通窗户相当,既能满足热工需求,又具有良好的隔声性能。

4.建筑内部的隔声

在建筑设计中,解决内部噪声传播主要依赖于增强墙体和楼板的隔声性能。近年来,为了减轻结构自重,许多高层住宅广泛使用轻质隔墙或减少墙体厚度,这导致其隔音效果常常无法达到居住舒适的需求。使用轻质隔墙时,必须选择符合国家标准隔音性能要求的材料和构造方式。同时,为确保分户墙满足隔音需求,应避免在分户墙上开洞。如果需要设置电源插座等设施,应采用错开布置的方式,限制开洞的深度,并确保洞口密封。

为满足设计的隔声标准,分户墙的具体实施方案可以包括以下几种:

第一,使用 200mm 厚的加气混凝土砌块墙体,并在双面进行抹灰处理。

第二,选用 190mm 厚的混凝土空心砌块墙,同样双面抹灰。

第三,采用 200mm 厚的蒸压粉煤灰砖墙体,双面抹灰。

第四,实施双层双面纸面石膏板(每面 2 层,厚度为 12mm)的方案,墙体中空部分为75mm,并在内部填充厚度为50mm的离心玻璃棉,以达到优良的隔音效果。

这些做法不仅能提高分户墙的隔声性能,还有助于维持建筑内部的静音环境,提升居住舒适度。

5.借鉴成功经验

在住宅区内部与周围的交通噪声防治方面,有不少创新性和有效的方法被实践证明,其中包括利用噪声本身来减少噪声的策略。这种方法主要依据交通噪声的频率分析,通过设置特定的衰减频率来达到降噪的目的。对于居民而言,铁路和航空噪声是比较棘手的问题。由于火车站多位于市区,铁路线穿城而过,容易对大片居民区造成影响。江苏省常州市新建的虹梅住宅小区就是处理铁路噪声的成功案例之一,该小区虽然靠近铁路线,但通过在小区周围建设无窗户的四层高居住楼作为声音屏障(高12米,延伸400米),有效地将噪声限制在国家标准之内,同时增加了铁路线旁住宅的建设面积和经济效益。

对于小区内部的交通噪声防治,控制交通流量是关键。巴黎的玛丽莱劳小区是一个典型例子,该小区被城市道路环绕,内部仅设行人道,禁止车辆进入,停车场设在小区外围,便于居民出入而不受交通噪声干扰。古巴哈瓦那的东哈瓦那小区允许车辆进入,但道路设计为尽端路,减少了车辆通行引起的噪声。北京的恩济里小区采用曲线主路设计,迫使车辆降低速度,以此减少噪声,同时设立尽端路防止外来车辆穿越,有效降低了交通噪声。这些案例展示了交通噪声防治的多样化策略,既考虑了居住舒适度,也优化了交通布局,实现了宜居环境的创建。

二、日照与采光

(一)日照与采光的关系

国家对日照的要求主要是指太阳直射光通过窗户照进室内的持续时间,并没有对光照强度作出规定。因窗户的尺寸与朝向、建筑所处的地理位置、季节变化以及周边环境等多种因素的不同,导致建筑物每天接收到的日照时间各不相同。

采光是指通过窗户接收太阳光的过程,不仅限于直射光,也包括来自各个方向的光照量,旨在营造适宜的自然光环境。采光与日照类似,同样受到多种因素的影响,其接收到的光照量也随时变化。

日照和采光的共同之处在于它们都利用太阳光,并受到相同因素的影响,同时都有一定的最低标准。例如,在北京,冬至或大寒日的住宅日照时长不得少于 2 小时,此标准是基于这两天是全年中日照条件最差的时期所设定的。采光的最小系数值同样反映了建立适宜自然光环境的基本需求。

日照和采光的区别在于,日照关注的是太阳直射光的照射时间长度,而采光则侧重于自然光的光照量。在构建建筑光环境时,两者相辅相成,既需要一定的自然光照射时间,也需要足够的光照量。光环境的优化需要兼顾日照和采光,缺一不可。

(二)建筑与日照的关系

阳光对于人类的生存及健康至关重要,不仅对身体健康有益,也对居住者的心理状态有正面影响,特别是对那些行动不便的老年人、体弱者、患病者和残疾人,以及婴儿来说更是如此。日照还是保持居室清洁、提升居住环境品质和居住舒适度的关键因素。因此,保证每套住宅都能享有充足的日照,至少要保证一个居室能够接收到有效的日照。随着城市建筑密集度的增加和高层建筑的普遍,遮挡阳光的情况越来越常见,解决日照问题成为规划和设计时必须考虑的重要问题。

建筑获得日照的能力受到其地理位置、朝向以及周边建筑遮挡等多种因素的制约,尤其在冬天,由于太阳高度角较低,建筑物间的相互遮挡问题尤为突出。因此,住宅设计时,应充分考虑朝向的选择、建筑平面的布局(这包括建筑之间的间距、相对位置及内部空间布局),以及窗户的尺寸、位置和方向等因素。如有必要,还应借助日照模拟软件进行辅助设计,以确保良好的日照条件。

（三）采光的必要性

天然光的充分利用对居民的生理与心理健康非常关键,同时也有助于减少对人工照明的依赖,从而降低能源消耗和生活成本。人类在长期的进化过程中已经习惯了在阳光下生活,无论是为了获取信息、保持环境卫生还是维持身体健康,光源都是不可或缺的元素。因此,采光成为人们在建筑和居住环境设计时考虑的重要方面之一,它代表了利用自然界无尽、清洁的太阳能源为人类视觉活动提供便利。在能源逐渐枯竭的今天,不充分利用太阳能等同于对宝贵能源的浪费。随着煤炭、石油等传统化石能源的过度开采和消耗,人们开始寻求太阳能这类清洁能源,使得自然采光及其技术变得尤为重要。尽管目前采光主要目的是创造适宜的天然及人工光照环境,但随技术进步,其意义将会扩展到利用天然光源为更多用途提供廉价且环保的能源。

（四）窗户与采光系数值

为了创造一个良好的自然光环境,建筑设计的采光方案需要达到国家规定的采光标准。这意味着,必须准确选择合适的采光系数。采光系数的确定首先依据视觉活动的细致程度,规定不同的视觉活动对应不同的采光系数需求;通常,更精细的视觉任务需要更高的采光系数。此外,窗户作为采光的关键途径,其面积的大小直接关系到光线的获取量。也就是说,窗户与地面面积比的增加,可以有效提高采光系数。在进行建筑采光设计时,了解建筑的主要使用功能和窗户与地面面积比这两个关键因素,便可基于此进行采光系数的计算和设计。

1.采光的数量

在室内光环境设计中,确保获取适量太阳光需要精确估算。采光系数,作为国家对室内适宜太阳光量的一个量化指标,指的是在全阴的天空条件下,某室内点位所接收到的光照强度与同一时刻室外无任何遮挡的水平面上接收到的光照强度之间的比值。这个系数的特点是它并不受直射阳光的直接影响,因此与窗户的朝向无关。针对室外无遮挡情况下的照度,我国科学界已将全国划分为五个光气候区域,并为每个区域提供了相应的照度标准,简化了"光气候"的复杂多变性。因此,影响采光系数的主要因素是太阳光在室内特定点位所产生的照度,该照度来自三个光源:天空的散射光、通过周边建筑物或遮挡物反射的阳光,以及通过窗户反射至室内各表面再照射至特定平面的光。这三个部分的光照量都可以通过简易的计算图表得出,从而使采光系数的计算变得简便。

根据视觉任务的不同,我国将采光等级分为五个等级,并为每个等级规定了相应的采光系数。针对不同功能或类型的建筑,根据其采用的采光方式(侧面采光、顶部采光或两者的混合采光),规定了不同的采光系数。目前,我国大多数建筑采用的侧面采光、顶部采光或两者的混合方式,因此针对不同方式设定了具体的采光系数标准。

2.采光的质量

像采光量一样,采光质量也是构建健康光环境的关键因素。采光量(即采光系数)确保了室内活动时视觉功能的需求得到满足,而采光质量关乎于光环境的安全、舒适及健康性。采光质量主要涉及采光均匀性和眩光控制。采光均匀性是指工作面上的最低采光系数与平均采光系数之间的比例。在我国的建筑采光标准中,仅对顶部采光的均匀度有明确规定,要求不低于 0.7,对侧面采光则没有具体要求。由于侧面采光的采光系数取最小值计算,一般都能满足其他国家规定的侧面采光均匀度不低于 0.3 的标准。

眩光主要由太阳直射引起的直接眩光和抛光表面反射引起的反射眩光构成。窗户引起的眩光是影响室内光环境健康的一个主要因素。尽管目前还没有针对采光引起的眩光设定有效的限制指标,但为了避免视野中出现强烈亮度对比而导致的眩光,可以遵循一些基本原则,即视野中目标(物体)与相邻表面的亮度比不应小于 1:3,目标与较远表面的亮度比不应小于 1:10。例如,在强光照射下,将显示器置于深色桌面并对着窗户时,不仅难以清晰看见屏幕内容,还会遭受强烈的眩光困扰。此问题可以通过使用窗帘降低窗户亮度,或调整桌子位置、改变桌面颜色等措施解决,以满足上述的比例要求。

(五)采光中需注意的其他问题

1.采光的窗面积和朝向

采光窗户的面积及其朝向对于获得充足的采光至关重要。虽然采光系数与窗户的朝向没有直接关系,但为了确保较高的采光系数,较大的窗户面积通常更为有利。特别是在北半球,居住者出于健康和心理需求,渴望充足的日照,尤其是住宅窗户,最佳方向是面向阳光,即朝南。直射的阳光能够在室内积累热量,随着窗户对太阳能的吸收比率和面积的增加,可能会增加夏季的空调需求;冬季时,无论是南向还是北向的大面积窗户都会提高采暖需求,因此并不是窗户越大越好。我国的建筑采光标准根据窗地面积比得出的采光系数,科学地体现了适度原则,任何超出这一原则的做法都将付出额外的代价。窗户面积的选择直接影响建筑的保温、隔热和隔声性能,进而影响室内的居住质量。

2.采光材料

采用现代采光材料,如玻璃幕墙、棱镜玻璃、特殊涂层玻璃等,可以有效改善采光质量,但有时也会引起因反射造成的光污染问题,特别是在商业中心和住宅区。比如,路边的玻璃幕墙反射的太阳光可能会在道路上或对行人产生强烈的眩光影响。通过几何设计可以避免这种眩光,例如将斜顶玻璃幕墙的倾斜角度控制在45°以下,基本上可以避免太阳光在道路上的反射引起的眩光。对于玻璃幕墙建筑,避免使用大型平板玻璃幕墙、将其建设在远离路边的位置或精心设计其造型,是减少光污染的有效方法。

3.采光形式

目前,建筑采光主要分为侧面采光、顶部采光及混合采光等形式。随着城市建筑密度的增加,高层建筑之间相互遮挡的现象越发严重,对采光的影响也随之增加。许多办公楼和图书馆为了补偿不足的自然光,不得不在白天时段使用人工照明,加剧了电力供应的紧张。为了解决外墙采光不足的问题,建筑设计中会采取如天井、采光井或反光装置等内部采光方式,同时避免太阳直射光和强烈光斑的干扰。当然,最理想的方式是在城市规划阶段合理选址,并严格按照采光标准进行设计。

4.窗的功能

窗户作为采光的主要途径,同时也是自然通风的重要手段。在窗户大小固定的情况下,窗口附近的采光系数和照度会随着窗户底边距离地面高度的增加而降低,而远离窗户的区域照度则会提高,从而使采光更加均匀。因此,窗户的上缘应尽可能提高。落地窗不仅对采光和通风效果良好,在现代住宅设计中更是成为一种流行的选择。但是,其对空调和采暖系统的影响也需要进行全面考量。双侧窗可以使采光系数在房间中心附近达到最小值,有效增加房间的使用深度。水平天窗虽然采光效率高,但因难以排除太阳辐射热和积尘,其应用受到限制。无论采用哪种类型的窗户,都应确保其易于开启、利于通风清洁,并考虑安装遮阳设施的要求。

(六)开窗并不是采光的唯一手段

随着科技进步,采光方式正在经历着革新和扩展,开窗不再是唯一的采光手段。以往,采光仅指通过窗户引入自然光的被动形式。而如今,采光技术已发展到能主动追踪太阳的运行,通过集光设备捕获阳光,并通过光纤或其他导光系统将光线传输至室内,这种方式使得窗户作为主要采光途径的情况发生了转变。在未来,窗户的角色可能主要作为连接室内外的通道,或变成太阳能的收集器。目前,在我国,导光管的设计、生产和使用技术日渐完善,能够将阳光引入到建筑物的每一个角落,并在夜间可以作为人工照明的媒介,导光管因此成为一个既适用于采光又可用于照明的优秀装置。

三、室内热环境

随着经济的持续增长,人们对生活品质的追求也在不断提升。

从过去的渴望拥有一处自己的住所,到现在追求居住环境的舒适与健康,人们对于建筑居住的标准越来越高。目前,更多的注意力被放在了建筑的舒适性和健康性上。室内热环境,关乎着人们对于居住空间中温度、湿度等影响舒适度的环境因素的感受。简而言之,它涉及居住空间内的温度适宜性及其对人体舒适感的影响。

(一)房间功能对日照的要求

在中国早期的居住模式中,卧室被视为家庭生活的核心区域,承担了居住空间中最重要的角色。设计理念强调将所有卧室安置在得天独厚的位置,以便居住者尽可能享受自然资源。然而,随着住房条件的不断优化,现代住宅的设计更加注重功能区的合理划分,将休息区、生活区和厨卫区明确区分。卧室主要用于睡眠和休息,需要保持安静和私密。通常,人们日间忙于工作或学习,少有活动在卧室进行,这意味着卧室在白天大多时间处于空置状态,因此,卧室面朝南或北,对建筑节能的影响微乎其微,关键是保证良好的通风采光和窗户的气密性及隔热性。

近年来,客厅成为现代家庭中日常生活活动的主要场所。尤其对于工作日节假日在家的居住者来说,客厅的重要性日益突出,成为家庭生活的活动中心。客厅不仅面积大于卧室,而且在白天的使用频次远高于卧室。将客厅设向南,可以使得其在白天享受更多的自然光和温暖,对于节能和提高居住舒适度有着显著的效果。

(二)人对热环境的适应性

面临骄阳似火的气候,夏日的炎热对人体构成了挑战。人们对室内高温的忍受能力因人而异,一部分人会感到极度不适,而另一些人则显得相对适应,这主要归因于人体对热的耐受力各不相同。人体的热耐受能力与热应激蛋白的产生有关,这类蛋白的合成量与暴露在高温环境的程度及持续时间密切相关。长时间处于高温环境下,人体会增加热应激蛋白的合成,进而增强对热的耐受能力,以至于后续再遇到同类环境时,细胞损伤会有所减轻。

人体对外界环境的温度变化具有一定的适应能力。无论是在运动还是静止状态下，人体都会产生大量热量。在极端情况下，体内核心温度可能从正常的37℃上升至40℃以上。在环境温度较高的情况下，人体可以通过热辐射、对流、传导和蒸发等方式进行散热，但随着环境温度的进一步升高，依靠这些散热方式变得越来越困难，此时，汗液在皮肤表面的蒸发成为主要的散热途径。

因此，在人与环境的互动中，人不单是环境温度变化的被动承受者，更是一个能够主动适应的调节者。但是，人对温度的适应范围是有限的，当环境温度升高到可能影响健康的程度时，便需通过人工的方式进行降温调节。人们对居住环境的温度调节行为包括使用窗帘或外部遮阳设施遮挡阳光直射、通过开合门窗或使用电风扇调整室内空气流动等；此外，个人对热环境的适应行为还可能包括穿着轻便的家居服、饮用冷饮、洗冷水澡等。这些适应策略无疑增加了人们的舒适感，提升了其对环境的满意度。

（三）影响室内热环境的主要因素

影响室内温度感受的因素很多，除了衣物和活动强度，还涵盖了空气温度、湿度、气流速度和环境辐射等。环境辐射主要是指人体与建筑结构（如墙壁、地面、屋顶）之间的热交换。人体与环境的热交换既通过对流也通过辐射进行，其中对流换热依赖于室内空气的温度和流动速度，而辐射换热则受到围护结构表面的平均辐射温度的影响。这意味着，影响人体温度舒适感的因素除了空气温湿度和气流速度外，还包括衣物的吸热和导热性能、人体活动量、风速、辐射温度等。

通常，人们能较容易感知空气温度、湿度和气流速度对冷热感觉的影响，但往往忽略了环境辐射的作用。例如，在夏季，大家更注重室内温度的控制，而忽略了通过窗户进入的太阳辐射热和由于隔热性能不佳的屋顶及西向墙体导致的室内过高温度的影响。这些因素会使人体感受到强烈的炙热感。特别是当室内温度较高且气流速度较低时，闷热感尤为明显。

　　反之,在冬季,虽然人们关注室内温度是否达标,但常忽视单层玻璃窗、屋顶和外墙保温不足导致的内表面温度低,对人体的冷感影响。实际上,即便室内温度符合标准,如果存在大面积单层玻璃窗或保温性差的屋顶和外墙,人们仍会感到寒冷;而在装有地板采暖或墙面辐射采暖的房间,即使室内温度不高,人们也会感到舒适温暖。

　　此外,室内温度的均匀性也极其重要。夏季,在开启空调的房间里,尽管中心区域温度可能只有23℃,但靠近窗户或墙壁的地方温度可能高达50℃,这种现象多由隔热性能差的外墙或窗户引起。温度分布不均不仅导致能源的浪费,还可能让某些区域暂时无法正常使用。在这种有着明显温差的环境中生活或工作,对人体健康造成不利影响。

　　(四)热舒适性指标与标准

　　热舒适性作为衡量居住者对室内热环境满意度的关键指标,自20世纪初就开始受到研究者的关注。从空调工程师到室内空气品质专家,大家都希望能够准确预测人的热舒适感受。国际上广泛认可的 ASHRAE55 热舒适标准明确了温度和湿度的理想区间:温度应保持在 21~23℃,湿度则应在 30%~70%。值得注意的是,温度与湿度之间存在相互影响的关系,即较低的湿度可以容忍较高的温度,反之亦然。近年来,这一热舒适概念的理解正在不断深化。加州大学伯克利分校的巴吉尔(Barger)研究所指出,若要满足 80% 人群的舒适需求,舒适温度的上限可扩展至 30℃。这意味着,我们对于热舒适性的认识在不断进步,同时对室内热环境设计提出了新的挑战和要求。

　　(五)采暖方式对热舒适性的影响

　　在我国北方,集中供热是传统采暖方式的主流,常见的做法是在窗户下安装散热器。这种散热器主要通过空气对流进行热量散发,特点是散热快且热量大。过去,由于采暖系统的限制,难以进行个别调控,未能充分满足居民对热舒适度的需求。随着时代的进步,国内开始推广分户供暖和分户计费,引入了多种可调节的采暖方法。其中,低温辐射地板采暖便是一种新兴的采暖方式。该方法以辐射为主要热传递手段,通过地板发出的 $8\sim131\mu m$ 远红外线承担房间供暖责任,提升了室内的平均辐射温度。由于辐射面温度较低,即使室内设定温度低于常规对流采暖 $4\sim9℃$,居民也能感受到温暖,同时空气中的水分蒸发量减少,红外线直接照射可以避免传统采暖所带来的室内空气干燥、异味、脱水和口干等不适感。辐射地板采暖通过减少室内的冷辐射,使地表温度更加均匀,形成从下往上逐步降低的温度分布,为人们提供一个脚暖头凉的舒适环境,符合传统中医的健康观念,促进血液循环和新陈代谢。通过在地板下埋设加热管,如铝塑复合管或导电管,加热地板至 $18\sim32℃$,均匀辐射热量以达到采暖目的。这种方式减少了空气对流,有效降低了由于空气对流引起的室内尘埃问题,保证了室内空气的清洁和卫生。

(六)南方潮湿地区除湿的方式

中国南方地区气候特点是湿润,尤其梅雨季节,湿度大增,生活中诸多不便随之而来。长江以南的地区每年都会经历这样的季节,高湿度让人感觉极为不适,连续的阴雨天气也容易使人心情低落。

潮湿的环境不仅会导致墙壁和衣物发霉,更严重的是对人体健康造成影响。根据德国的一项研究,室内湿度每上升 10%,气喘的发生率就会提高 3%。同时,尘螨和霉菌等也更偏爱湿润的环境。在高温高湿的条件下,细菌、病毒及过敏源的扩散更为严重,容易引发过敏、气喘和皮肤疾病等,梅雨时节这类疾病的患者数量明显增多。

实际上,潮湿是一个重要的影响人们生活和工作的环境因素。如果室内物品出现了异味、褪色、变质、失去光泽、生锈、功能退化、缩短寿命、出现霉斑或水痕,甚至虫害,大多是由潮湿造成的。因此,采取防潮措施是每个家庭应该做的,建议在家中安装一个湿度计以便随时监测空气湿度。一旦发现湿度过高,可以考虑使用机械湿度调节设备,如除湿机或抽湿机等。除湿机通过内部降温让空气中的水分凝结,虽会稍微提升室温但温差不大,适合除盛夏外的湿季使用,且较为节能。而空调的制冷去湿方式虽成本较低,但使用时会降低室温,适用于同时需要降温的场合。

四、通风与散热

在现代空调技术问世之前,改善室内环境条件,提高居住舒适度的主要手段是通过通风。通风的核心目的在于排除室内多余的热量与湿气,同时引入新鲜空气,保持室内空气流动,这对于确保居住者的健康和舒适至关重要。实现通风换气的途径主要分为自然通风和机械通风两种。

通过通风,可以有效供应新鲜的空气,排除室内的热量和湿气,有助于降低室内温度和相对湿度,同时促进人体汗液的蒸发散热,使居住环境更为舒适。特别是在南方高温地区,随着节能环保意识的增强,利用夏季夜间通风和过渡季节的自然通风,已成为提高室内舒适度、减少空调依赖的有效策略。

在住宅建筑中,通风策略包括主动式通风和被动式通风。主动式通风指的是通过机械装置强制实现室内空气流通的方式,这种方式通常需要与建筑的通风或空调系统相配合。而被动式通风则是利用自然的风压和热压为动力,通过精心设计的室内气流组织,达到降低或升高室温的目的,同时充分利用包括土壤、太阳能在内的自然资源。具体设计时,要兼顾通风效率和室内卫生,同时考虑节能需求,确保通风量能满足基本的卫生标准,风速适中,通风可控。

需要注意的是,住宅建筑的主动式通风设计要合理,否则可能会显著增加空调和采暖的能耗。例如,在采暖地区,冬季住宅的通风能耗可占到采暖总能耗的 30% 以上,这一现象往往是由于采暖设备运行不可控和开窗通风难以调节所致。

(一)被动式自然通风

建筑通风是因建筑物的开口处(如门、窗)之间存在压差而引起的空气流动。被动式通风可以分为热压通风和风压通风两大类。热压通风依赖于室内外温度差及建筑开口处的高度差产生的密度差来驱动空气流动。只要存在温差和高差,就能形成通风效果,且温差、高差越大,通风效果越好。风压通风则是由于外部风力作用,使建筑迎风面的气流受阻,动压降低而静压升高;侧面和背风面因局部涡流形成,静压降低。这种静压的变化形成的正压或负压促使空气流动。自然通风通常同时受热压和风压因素的影响。

被动式自然通风系统又可以分为无管道自然通风系统和有管道自然通风系统。无管道通风即通过开启的门窗实现的通风,适用于温暖地区及寒冷地区的温暖季节。寒冷季节的封闭环境则需要专用的通风管道,包括进气管和排气管,进行换气。根据地域不同,进气管的位置也有所不同,以适应不同的通风需求。

在利用被动式自然通风进行节能时,建筑设计的角色至关重要。建筑的设计方案确保了自然通风节能策略的可行性。建筑在设计和建造阶段,开口的大小、位置、数量和最大开启度等因素已经确定。在建筑使用过程中,通过调节开口的关闭度来控制通风。同时,建筑的开口越大,传热越多,气候适应性越强,但对抗气候变化的能力则相对较弱。高寒地区冬季在进行通风换气时,需要妥善处理通风与保温的矛盾。例如,在寒冷地区设置门斗过渡空间、增设门帘或风幕等,是增强建筑密闭性的常见方式。对于人流量大的公共建筑,入口通道的设计处理是体现通风调控策略的关键。

(二)家庭主动式机械通风

在自然通风无法满足室内温湿度要求时,可以通过启动电风扇实施机械通风。虽然随着空调采暖设备普及和居室装修流行,电风扇在日常生活中的应用减少,但它仍能有效促进室内空气流通,降低人体感觉温度。通过合理利用空调与电风扇,能有效减少空调运行时间,增强夜间通风和建筑物的蓄冷效果。

尤其在炎热地区,加强夜间通风对提升室内热舒适度极为有效。一天中并不是所有时间段室外温度都高于室内所需的舒适温度。由于夜晚气温较低,相对于舒适温度上限(26℃)有更大的差值,因此夜间加强通风不仅有助于维持室内舒适,还能带走白天墙体吸收的热量,为其进行充分的冷却,减少第二天空调的运行时间,实现节能效果,预计可以节省2%~4%的能源。因此,很多人将夜间通风作为南方建筑节能的有效措施之一。但是,夜间温度也存在变化,简单地讨论夜间通风的效果并不够准确;选择合适的通风时间和时段对于实际效果有着至关重要的影响,其中凌晨4点至6点是夜间通风的最佳时间段。

五、室内空气质量

（一）室内污染源与空气污染物

室内空气污染的来源广泛,研究表明这些污染物主要来自室内活动及室外空气两大类。室内污染源主要分为以下两类:首先是居民的日常活动产生的污染,如行走、呼吸、吸烟、做饭和家用电器的使用等,这些活动能够释放出二氧化硫、二氧化碳、氮氧化物、可吸入颗粒物、细菌和尼古丁等污染物。其次,建筑和装修材料以及家具释放的挥发性有机化合物,这些物质包括苯、甲苯、二甲苯、甲醛、三氯甲烷、三氯乙烯和氨等。至于室外源,主要是因室外空气受污染而影响室内环境,且这种影响随着外界空气质量的变化而波动。

（二）室内污染物对人体的危害

室内空气品质受多种因素影响,包括外部空气质量、建筑设计、通风系统设计与维护、污染源及其排放强度等。室内空气污染部分源于外界污染通过围护结构如门窗渗入或通过空调系统引入新风,其变化受地理位置、季节和时间的影响;大部分污染则来源于室内,污染程度随室内环境条件(如房间体积、通风量、自然净化作用)及居民活动差异较大。减少室内吸烟人数和时间对降低污染程度至关重要。

无家具的新住宅室内污染主要源自地板、油漆、装修材料等,其中甲醛和苯的释放量相对较低,但油漆和涂料在风干时会释放较多挥发性有机化合物。调查显示,装修引起的污染逐渐减少,而新家具释放的甲醛和挥发性有机化合物导致的二次污染问题增加。测试结果显示,甲醛污染最为严重,挥发性有机化合物次之,苯的问题相对较轻。

第三节　绿色建筑的土地利用

在地球表面上,为人类提供的生存空间已经有限,所以节约现有土地、开拓新的生存空间刻不容缓。

一、绿色建筑的节地途径

随着城市发展,我国面临的土地资源供需矛盾日益加剧。解决土地危机的方法主要包括控制城市用地增量和提高现有城市功能用地的集约使用程度;协调城市发展与土地资源、环境之间的关系,增强土地高效利用意识,实现城市土地资源的持续发展。

对于村镇建设,应采用合理和节约用地的原则。建筑布局要相对集中,优先考虑使用已有的基地进行建设。新建或扩建的工程和住宅尽量不占用或少占用耕地和林地,以保护生态环境,加强绿化和村镇环境卫生建设。

珍视和合理利用土地资源是我国的一项基本国策。国务院相关文件强调,各级政府需进行全面规划,保护、合理开发和利用土地资源;国家的建设用地必须进行全面规划、合理布局,并节约用地,优先利用荒地、劣地、坡地,减少或不占用耕地。

从建筑角度来看,节约用地意味着尽可能减少对地面的占用,减少对绿化面积的损失。节约建筑用地并非不进行建设,而是要提高土地使用效率。城市节地的途径主要包括:建造多层和高层建筑以提高建筑容积率和降低建筑密度;利用地下空间增加城市容量和改善环境;提高住宅用地的集约度和绿地面积,合理规划用地;在城镇和乡村建设中,因地制宜,多利用零散地和坡地建房,保护自然环境,增加绿化面积;开发节地建材,如利用工业废渣制造的新型墙体材料,廉价且节能。

在当前社会背景下,人们日益意识到土地作为人类生存环境的基础是不可再生的资源。特别是对于人口众多的我国,人均土地资源十分有限。如不珍惜土地资源,将严重影响当前及未来几代人的生存条件。

二、合理的建筑密度

在城市规划和建筑设计过程中,衡量建筑用地经济性的一个核心指标是建筑密度,即建筑物首层占地面积占全部建设用地面积的比例。通常,一个建设项目的土地会被划分为建筑占地、绿化占地、道路及广场占地和其他用地。建筑密度的适当设定直接关联到土地节约问题。例如,设想在城市某一特定区域规划建设 $30000m^2$ 住宅,根据规划要求,该区域建筑高度受限,只能建造 10 层高的住宅且各层面积一致。在这种情况下,甲方案的建筑密度为 30%,则占地面积为 $3000m^2$,需用地面积 $10000m^2$;乙方案的建筑密度为 40%,则同样占地面积的情况下需用地面积为 $7500m^2$。显然,乙方案在满足设计要求的情况下节约了 $2500m^2$ 的土地。

这个例子说明,相同条件下建筑密度更高的设计方案更能节约土地。然而,建筑密度并非越高越好,其应控制在一个合理的范围内。除了建筑密度外,绿化占地和道路广场占地也是影响建设用地面积的重要因素。通常,城市规划会规定绿地率的标准,目前鼓励的绿色建筑设计要求绿地率超过 30%。因此,在建筑设计过程中,可通过调整建筑占地与道路广场占地之间的关系来优化用地,比如通过建设地下停车场来减少地面占用,或将建筑首层部分架空用于道路和绿化,既节约土地又丰富建筑外观和环境空间。

三、建筑地下空间利用

我国的地下空间利用历史悠久,早在秦汉时期就已经开始。那时,帝王的陵墓内部便有地下空间的存在,用以安置棺材和陪葬品。这样的地下墓室由于具有较强的保密性,长期以来一直被使用。尽管后来地上部分的建筑规模有所增加,地下部分的重要性有所减弱,但地下墓室的构造一直延续至封建社会末期的清朝。

除了墓葬建筑,古代人们在日常生活中也很早就意识到了地下空间的价值。西汉时期,由于连年战乱,军事用途的地下防御工事开始出现。平民住宅中也出现了用于躲避和隐藏的地下空间。后来,人们还发现地下空间因其独特的温湿度条件适宜储藏季节性食品,于是在华北、东北等地广泛建有地下储藏空间。

国外的地下空间使用则主要限于防御和储藏,且多为半地下形式,便于采光和通风,或通过堆土成为完全的地下空间。欧洲一些传统别墅的地下空间至今仍用作酒窖。

现如今,随着建筑技术的发展,地下空间的功能越来越多样化,已能满足地上建筑的各种功能要求。合理开发利用地下空间,不仅能节约宝贵的土地资源,还有助于城市的紧凑型规划,减少城市扩张,降低交通能耗和污染,推进城市的节能环保目标。

但在开发地下空间时,还需注意考虑地质条件、解决通风防火问题、防止地下水渗漏,并采用节能建筑技术,以确保地下空间的安全和环保。

四、既有建筑的利用和改造

随着社会的进步,几乎所有事物都会经历由新变旧的过程,这是不可避免的自然现象,不会因为人的意愿而改变。建筑,作为世界上众多元素之一,同样无法避免这一自然规律。在拥有悠久历史的城市里,存在许多老旧的建筑。这些旧建筑主要可分为两类:少数因曾发生重要历史事件或曾有重要历史人物居住、活动过而被作为历史遗迹保留,供后人参观学习;而大多数则因达到使用寿命而被拆除。

造成建筑未达预期使用年限即被拆除的原因多种多样,主要可归纳为三点:首先,城市发展导致城市规划变化,土地使用性质改变,例如原工业区改作商业区或住宅区,导致现有工业建筑被拆除;房地产开发追求利益,通过提高容积率、增加建筑面积,使得一些仍在合理使用期内的建筑不幸被提前拆除。其次,原有建筑无法满足现代社会对功能或品质的需求。第三,建筑本身的质量问题,如不能满足国家和地方的现行标准、规范要求,特别是在抗震、防火、节能等方面不合格,或由于设计、施工和使用不当而出现质量缺陷。

面对因城市规划变革导致的用地性质转变,导致旧建筑面临拆除的情况,首先需要对旧建筑的处理进行深入的评估和论证,考察改造后的功能是否可行,对于那些尚未达到使用年限的建筑,应考虑通过全面改造以延续其使用。例如,北京的酒仙桥工业区内曾有众多20 世纪 50 至 60 年代建立的电子工厂,其中不少车间的设计充满了"包豪斯"风格。当这些工厂改产搬迁之后,一些艺术家被这些建筑朴实无华的外观及其提供的宽敞空间所吸引,逐步将它们转化为了著名的"798 艺术区",这也恰好契合了城市规划的功能需求。

对于那些无法满足新需求的旧建筑,其改造将面临更大的挑战。建筑的长期使用与不断变化的功能需求之间存在天然的矛盾。为此,新建筑在设计阶段就应当考虑到未来可能进行的改造,包括建筑布局的确定、结构体系的选择以及设备和材料的选用,都应预留改造的空间,以提高建筑的适用性,从而延长其寿命。而对旧建筑的综合利用则需要综合考量技术与经济的可行性。

充分利用仍具使用价值的旧建筑是节约土地资源的一项重要策略。这里所说的旧建筑,特指那些建筑质量保证使用安全,或经过小幅改造后能确保使用安全的建筑。旧建筑的再利用,可以是保留其原有功能,或根据现有条件改变其功能。

此外,旧建筑的改造与利用还能保持并延续城市的历史文脉。如果城市到处都是新建筑,不仅会让外来游客感受到城市历史的断裂,也会使城市环境失去文化底蕴。

五、废弃地的利用

城市的演变体现了其多样性与独特性,实际上,没有任何一个城市是完全按照刚性的城市规划蓝图发展起来的。在古时,城市规模相对较小,人们的规划主要集中在城墙之内,对城墙之外,即护城河以外的区域,往往不加以严格控制。

城市规划的演变主要受到城市自身社会、经济发展以及居民生活习惯变迁的推动,城市的成长不应留下过多人为的痕迹,而应根据城市自身的成长需求自然演进。我国城市规划无论是总体规划还是特定区域规划,实际上都在缩短规划的适用周期,这与国际上的城市规划新理念是相符的。这表明城市规划并非一成不变,也不是死板的按部就班,在规划执行过程中可能会遇到误差和出乎意料的情况。

城市发展中废弃地的出现就是这种变化的直接证明,同时也是城市规划变动中不可避免的部分。对废弃地的再利用需要克服一系列技术挑战。例如,砖厂、砂石场留下的深坑由于土壤流失加之雨水侵蚀,地基承载力会受到影响,这时候需采取回填土和打桩基础等方法恢复地基承载力;而垃圾填埋场则需要运用科技手段清除有害物质后提升地基承载力,若有害物质难以彻底清除,可采用更换土壤的方式确保废弃地的有效利用。

第三章 绿色建筑节材技术

第一节 绿色建筑材料

一、绿色建筑材料概述

绿色建材,被广泛认为是健康型、环保型、安全型的建筑材料,国际上亦称之为"健康建材"或"环保建材"。这一概念并非指特定的建材产品,而是基于对建筑材料在"健康、环保、安全"三个维度上的综合评价。绿色建材特别强调材料对人体健康、环境保护的积极影响以及其在安全防火方面的表现。这类材料通常通过清洁生产技术制造,利用工业或城市的固体废弃物为原料,不仅具备消磁、隔音、调光、调温、隔热、防火、抗静电等性能,还能对人体机能产生积极调节作用。

绿色建材作为材料科学领域的一个概念,其定义与生态环境材料高度一致,着重于材料在整个生命周期内对资源和能源的低消耗、对生态环境的低污染以及高循环再生利用率。尽管关于其具体定义存在不同见解,大体上对其主要特征已达成共识。关键在于,这些材料不仅满足传统材料的使用性能要求,还具有超越传统材料的环境协调性。需要指出的是,对于如何量化"低消耗""低污染"及"高利用率"等特征仍存在不确定性。尽管定义上还存在其他不同的要求,如提升舒适度、环境改善、有益于人体健康、利用废弃物等,但这些附加特性可能会限定生态环境材料的范围。因此,从现阶段发展来看,任何满足使用性能要求的材料,只要在环境协调性上具有优于传统材料的特性,均可视为生态环境材料,绿色建材也是如此。

绿色建材的发展策略,应全方位考虑从原料获取、产品制造、应用实施到废弃后的回收再利用等整个周期。面对环境问题已经成为全人类必须正视的挑战,人类对地球资源的持续开采必将导致资源枯竭。为了保障人类文明的持续发展和地球生物多样性的保护,人们必须转变观念,从单纯的索取转变为节约资源和爱护环境,实现人与自然的和谐共存。当前,除了积极探索新资源之外,更迫切的任务是合理地利用和循环再利用现有的地球资源,以保障满足现代社会需求的同时,不对未来发展构成威胁,达到环境保护和经济发展的双赢。

在此框架下,绿色建材作为建筑领域中生态环境材料的具体应用,其定义并非局限于某一特定的建材,而是对建材在"健康、环保、安全"等方面的全面要求。在原料采集、产品生产、建筑施工、使用过程以及废弃物的处理等各个阶段,都应深植环保理念,采取环保措施,确保社会经济活动的可持续性。

在目前阶段,绿色建材的定义包含以下几个方面:

①采用较低的资源和能源消耗、减少环境污染而生产的高性能的传统建筑材料。例如,通过采纳现代化的工艺和技术生产的优质水泥。

②能显著降低建筑整体能耗(包括生产和使用过程的能耗)的建筑材料制品,比如兼具轻质、高强、防水、保温、隔热、隔声等特性的新型墙体材料。

③展现更高使用效率和卓越材料性能,进而减少材料消耗的材料,如高性能的水泥混凝土、轻质高强混凝土。

④能够改善室内生态环境和具有保健作用的建筑材料,例如能抗菌、去味、调温、调湿、阻隔有害射线的多功能玻璃、陶瓷、涂料。

⑤能广泛应用工业废弃物作为原料的建筑材料,如用于净化污水、固化有害工业废渣的水泥材料,或是经过资源化处理和性能增强的矿渣、粉煤灰、硅灰、沸石等水泥配合材料。

从更广的视角来看,绿色建材并非指具体的某种建材产品,而是对建筑材料在"健康、环保、安全"三个维度下的全面评估,涉及从原料采集、生产制造、施工应用、使用维护到废弃处理等各个环节的考量。绿色建材是指向21世纪建筑材料发展的方向,顺应了全球发展趋势和人类社会的需求,未来在建筑材料行业将占据主导地位,代表了建筑材料发展的必然趋势。

二、绿色建材的特点与分类

绿色建材相较于传统建筑材料而言,代表着一类新兴的建筑材料,既包括新型的环境友好型材料,也涵盖了经过环境改良的传统材料(既有结构材料也有功能材料)。它与传统建材的主要差异可以总结为以下五个方面:

①在生产过程中尽量减少对天然资源的依赖,广泛采用如尾矿、废渣、垃圾、废液等废弃物作为原料。

②采纳低能耗的制造工艺和对环境友好的生产技术。

③在产品配制或生产过程中禁止使用对人体及环境有害的物质,例如甲醛、卤化物溶剂或芳香族碳氢化合物;严禁含有汞及其化合物、铅、镉、铬等有害金属及其化合物的颜料和添加剂。

④产品设计旨在改善生活环境、提升生活质量,即产品除了不对人体健康造成伤害外,还应对人体健康有益。产品具备多样化功能,例如抗菌、灭菌、防霉、除臭、隔热、防火、调温、调湿、消磁、防射线和抗静电等。

⑤产品能够被循环使用或回收再利用,废弃过程不污染环境。

根据绿色建材的定义,产品可大致分为五大类:节能资源型、环保利废型、特殊环境适应型、安全舒适型和保健功能型,其中后两类尤其与家居装饰紧密相关。

安全舒适型产品指的是那些具备轻质、高强、防火、防水、保温、隔热、隔声、调温、调光、无毒无害等特性的建材,这类产品纠正了传统材料只注重结构和装饰性能,忽略了安全舒适功能的偏向,非常适合室内装饰使用。

第二节　建筑节材技术

一、有利于建筑节材的新材料、新技术

（一）采用高强建筑钢筋

在我国城镇的建筑工程中，钢筋混凝土结构非常普遍，因此钢筋的使用量巨大。通常情况下，具有更高强度的钢筋在混凝土中的使用比率较低，也就是说，相对于 HRB335 钢筋，HRB400 钢筋因其高强度、良好的韧性和优秀的焊接性，使用在建筑结构中能带来显著的技术和经济效益。通过计算得知，使用 HRB400 钢筋替代 HRB335 钢筋能节省钢材消耗 10%～14%，而用它替换直径小于 12mm 的 HRB235 钢筋时，钢材节省量可以超过 40%。此外，HRB400 钢筋还能提升钢筋混凝土结构的抗震性能。因此，HRB400 等高强度钢筋的推广使用能显著节约钢材资源。

尽管我国建筑行业长期主要使用 HRB335 钢筋，但高强度钢筋在建筑行业总体钢筋使用中的比例较低，比如 HRB400 钢筋的年使用量不足总钢筋使用量的 10%。而在美国、英国、日本、德国、俄罗斯及东南亚国家，HRB335 钢筋的使用已相当有限，主要用于配筋，主筋基本采用 400MPa、500MPa、700MPa 级别的钢筋；有的国家已经淘汰了 HRB335 钢筋。我国在建筑业尤其是高层建筑、大跨度桥梁和桥墩等领域对高强度钢筋的应用还不够广泛，主要原因包括：一是市场上 HRB400 等高强度钢筋的供应量不足，不能满足施工现场的需求；二是由于 HRB400 等高强度钢筋采用了微合金化技术，导致其成本相对 HRB335 钢筋较高，利润较低，因此多数钢厂不愿生产，这进一步导致了高强度钢筋价格偏高。

（二）采用强度更高的水泥及混凝土

混凝土在建筑工程中主要用于承重，它的强度越大，能够承担的荷载就越重；相应地，如果承担相同荷载，使用强度更高的混凝土，其构件的截面就可以设计得更小，从而使混凝土柱、梁等构件更加细长。因此，使用高强度混凝土不仅可以减少混凝土材料的使用量，还

能优化建筑构件的设计。在发达国家如美国,主流的混凝土强度等级为 C40、C50,而更高强度的 C70、C80 混凝土的使用也相当普遍;高强度的水泥(42.5 级、52.5 级及以上)占到总水泥使用量的 90% 以上。与此相比,我国大约有 24% 的混凝土强度低于 C25,约 65% 的混凝土处于 C30～C40 的中低强度范围,约有 90% 的混凝土是 C40 及以下的强度等级,C45～C55 的混凝土仅占 8.5%;同时,我国 65% 的水泥为 32.5 级,42.5 级及以上的水泥仅占 35%。据分析,使用 42.5 级水泥配制 C30～C40 混凝土,相较于使用 32.5 级水泥,每立方米混凝土可节约 80 公斤水泥。这说明,由于高强度水泥较少而低强度水泥较多,造成了水泥使用上的浪费。实际上,我国新型干法水泥生产线完全具备生产高强度水泥的能力,现状的一个主要原因是建筑设计标准仍倾向于使用低强度混凝土(主要是低强度水泥配制的)设计较大截面的柱梁,导致对高强度水泥的需求不足。因此,改善水泥产品结构,需从建筑设计标准和应用层面入手,促进高强度水泥需求结构的优化。

(三)采用商品混凝土和商品砂浆

商品混凝土是在专业搅拌站通过严格计量和拌合,由水泥、砂石、水以及必要时加入的外加剂和掺合料等材料组成的混凝土拌合物,通过专用运输车辆在规定时间内运送至施工现场销售和使用的一种混凝土,亦称预拌混凝土。相似地,商品砂浆,又称预拌砂浆,分为湿拌砂浆和干混砂浆两种。湿拌砂浆由水泥、砂和必要的保水增稠材料及外加剂等,在搅拌站拌制后运至施工现场,需在规定时限内使用完毕。干混砂浆则是在生产厂将经过干燥处理的砂与水泥和其他材料混合而成的干燥物,在施工现场加水或配套液体拌合后使用。使用商品砂浆相比现场搅拌的砂浆,能大幅度降低砂浆的消耗:多层建筑结构使用商品砂浆,每平方米可节约 35% 的砌筑砂浆;而在高层建筑中,使用商品砂浆可使抹灰砂浆用量减少 58%。

(四)使用散装水泥

与传统袋装水泥不同,散装水泥是将水泥在无须任何小型包装的情况下,直接利用专用的设备或容器从生产厂家运输至中转站或直接到达用户手中的一种方式。

(五)实施专业化加工与配送的商品钢筋

专业化加工与配送的商品钢筋指的是在工厂通过专业的机械设备将盘条或直条钢材加工成钢筋网、钢筋笼等成型钢筋产品,然后直接销售给建筑工地的过程,实现了钢筋加工的工厂化、标准化以及配送的商品化和专业化。这种方式由于可以为多个工地综合配送钢筋,通过集中剪裁,可以将废料率降低到约 2%,相比之下,传统工地现场加工钢筋的废料率大约为 10%。

在现代建筑工程中,钢筋混凝土结构得到广泛使用,钢筋作为重要的建筑材料,在建筑中扮演着不可或缺的角色。但由于建筑用钢筋规格和形状多样,钢厂生产的原材料往往需要根据建筑设计要求经过加工后才能使用。目前,建筑工程施工主要分为混凝土、钢筋和模板三个部分,其中商品混凝土配送和专业模板技术发展迅速,而钢筋加工技术发展较慢,与其他两部分相比显得落后。我国建筑钢筋加工长期依赖人工,直到国内一些简单加工设备的出现,钢筋加工才开始向半机械化加工转变,且加工地点多在施工现场。这种传统的现场加工方式不仅劳动强度大,加工质量和效率难以保证,还造成了材料的大量浪费,加工成本高,还存在安全隐患,占用大量土地,产生噪音污染。因此,提升建筑用钢筋的工厂化加工水平,实现钢筋的专业化商品配送,已成为建筑行业发展的必然趋势。

二、建筑工业化程度

建筑工业化的一大优势是节省材料。与传统建筑方式相比,工业化建筑生产能有效减少建筑材料的浪费,并降低施工过程中的粉尘和噪声污染。

采用预制混凝土构件的建筑工业化模式,是发达国家建筑业先进发展的重要经验。我国近年来在推动宽敞间距、灵活隔断的住宅建筑时,若在结构设计上采纳如大跨度预应力空心板等预制混凝土构件,将能有效降低楼层高度、减轻结构自重、降低造价并节约建材,从而带来显著的经济效益。借助国际上的成熟做法,积极推进建筑工业化是解决问题的根本途径。广泛推行工业化的结构体系和通用部件体系,增加建筑部件的工厂预制水平,实现施工现场主要通过装配完成建设,不仅能保障建筑物在"工厂预制"阶段的质量,大大提高生产效率,还能节省大量的能源和材料。

三、清水混凝土技术

清水混凝土因其优雅的装饰效果而被称为装饰混凝土。这种混凝土质量上乘,特点是浇筑完成并拆模后无须进行任何外部抹灰处理。区别于常规混凝土,其表面光洁细腻,棱角清晰,不添加任何外墙装饰材料,仅在表层施加一至两层透明保护剂,展现出自然而庄重的美感。利用清水混凝土作为装饰表面,不仅外观雅致,还减少了额外装饰材料的使用,是建筑材料节约技术的佳例。

此外,清水混凝土还能预制为外挂板,制作成多彩饰面。这类外挂板通过埋件与建筑主体连接或焊接,安装简便。无论是清水混凝土还是彩色混凝土外挂板,都将预制装饰与建筑物的外墙板完美融合,将大量高空施工转移到工厂中进行,最大化地发挥了工业化和机械化的优点。

四、结构选型和结构体系节材

在土木工程领域,无论是为了建设个人或家庭的简易遮蔽所,还是打造能够承载数百甚至数千人进行生产、交易、休闲的大型空间及各式工程设施,结构总是构成其最核心和基础的元素。这些工程项目都需使用特定的建筑材料,来搭建出能够足以抵御自然力作用的稳固空间框架,从而满足人们生活与工作的需求,这种空间框架被称作结构。

（一）房屋都是由基本构件有序组成的

每栋独立房屋的构建都涉及众多不同种类的组件,根据它们对外力的承受方式和功能作用,大致可将这些组件分为结构构件和非结构构件两大类。

1.结构构件

结构构件主要指那些具有支撑功能的承力组件,例如楼板、梁、墙和柱子等。这些承力组件的组合形成了不同的结构承力系统,比如框架结构、剪力墙结构、框架—剪力墙结构等,它们用以支撑房屋承受的各种垂直和水平荷载及其他力作用。

2.非结构构件

非结构构件则指那些不对建筑主体提供支撑作用的自承重组件,如轻质隔墙、幕墙、吊顶和内部装饰件等。虽然这些组件能够独立承重并形成独立体系,但在一般情况下,它们被认为是作用在主体结构上的外部荷载。

合理选用上述组件对于建筑材料的节约极为重要。在不同的结构类型和体系中,组件有着各自的特点和性能,因此在房屋节材工作中,选择适当的结构类型和体系尤为关键。

(二)不同材料组成的结构类型

建筑结构的类型主要以其所采用的材料作为依据,在我国主要有以下几种结构类型。

1.砌体结构

建筑结构中使用的材料主要包括砖砌块、石材砌块、陶粒砌块,以及由各种工业废料制成的砌块等。常见的建筑用砖主要是黏土砖,这种砖以黏土为主要成分,通过泥料处理、模具成型、干燥和高温焙烧过程制作而成。根据生产方式的不同,黏土砖可以分为机制砖和手工砖;从构造上分,则有实心砖、多孔砖、空心砖之别。砖块需要与砂浆结合砌筑成整体的砖砌体,才能构成墙体或是其他建筑结构。砖砌体因其广泛的应用,成为我国常用的建筑材料之一。

石材的使用也须配合砂浆砌筑成石砌体,方可构成建筑的石结构部分。石材由于容易就地取材,尤其在石材资源丰富的地区,石砌体的经济性较高,因而应用广泛。

砌体结构的优势在于材料容易获取、成本较低、施工简易,我国对其有着丰富的应用经验和历史。但砌体结构也有其不足之处,包括结构强度较低、自重大、结构相对笨重,且其构建的空间和高度受到限制,特别是广泛使用的黏土砖还会消耗大量耕地。值得一提的是,我国近年来发展的轻质高强空心砌块,正在逐渐克服传统砌体结构的缺陷,其应用范围也在不断扩大,为砌体结构的改进发挥了重要作用。

2. 木结构

木结构主要使用各类天然及人造木材为材料,其优势在于结构简单、重量轻、建筑形态及塑造性较强,具有我国传统建筑的特色。然而,其劣势在于消耗大量珍贵的天然木材资源,材料强度较低,防火性能不佳,通常建筑的空间与高度受限,目前在国内应用较少。

3. 钢筋混凝土结构

钢筋混凝土结构以砂、石、水泥、钢材及多种添加剂为材料,常见的混凝土是采用水泥作胶结材料,加入砂、石等骨料和水,按比例混合、搅拌、成型后养护得到的。此类结构的优点包括:材料易于就地获取,成分配比合理,整体强度和延展性高,建筑空间和高度较大,造价适宜,施工简便,是我国建筑行业的首选结构类型。缺点是结构自重相对较大,材料回收利用率较低。

4. 钢结构

钢结构以多种性能和形状的钢材为材料,具有结构轻盈、强度高的特点,可创造较大的建筑空间和高度,结构整体具有较高的强度和延展性,符合工业化生产需要,施工快速方便,结构材料回收率高,是全球发展的趋势。其劣势在于成本相对较高,对工业化施工水平要求较高,大规模推广尚需克服一些难题。

以上4种结构类型的综合比较见表3-1。

结构选型是由多种因素确定的,如建筑功能、结构的安全度、施工的条件、技术经济指标等,但应充分考虑节约建筑自身的材料,并使其循环利用。要做到这一点,在选择结构类型时需要考虑以下三

项基本原则:

①优先选择"轻质高强"的建筑材料。

②优先选择在建筑生命周期中自身可回收率比较高的材料。

③因地制宜,优先采用技术比较先进的钢结构和钢筋混凝土结构。

表 3-1 4 种结构类型性能比较

结构类型	自重	承载能力	造价	施工	回收率
砌体结构	重	较低	较低	简便	很低
木结构	轻	低	较高	较简便	较低
钢筋混凝土结构	较重	较高	较高	较复杂	较低
钢结构	较轻	高	高	较复杂	高

(三)支撑整个房屋的结构体系

结构体系是指支撑整个建筑的受力系统。这个系统是由一些受力性能不同的基本构件有序组成的,如板、梁、墙、柱。这些基本构件可以采用同一类或不同类别(称组合结构)的材料,但同一类型构件在受力性能上都发挥着同样的作用。

1.抗侧力体系

抗侧力体系是指在垂直和水平荷载作用下主体结构的受力系统。以受力系统为准则来区别,结构体系主要有以下三种基本类型:

(1)框架结构

由梁、柱组成的框架来承担垂直和水平荷载。框架结构的优点是建筑平面布置灵活,可以做成较大空间的会议室、餐厅、车间、营业厅、教室等。需要时,可用隔断分隔成小房间,或拆除隔断改成大房间,因而使用灵活。外墙用非承重构件,可使立面设计灵活多变,如果采用轻质隔墙和外墙,就可大大降低房屋自重,节省材料。

但框架结构承载能力相对比较低,建造高度受一定限制,在我国目前的情况下,框架结构建造高度不宜太高,以 15~20 层为宜。

(2)剪力墙结构

剪力墙结构通过各类墙体承担主要的垂直和水平荷载,墙体既是结构承重体,也兼具分隔空间的功能。这种结构通常适用于开间要求不大的建筑中,如住宅和旅馆,尤其在应用大模板等现代施工技术时,可实现快速施工,有效减少了砌筑工程的量。剪力墙结构的显著优势包括承载力强、结构整体性好、施工便捷,且能建造较高的建筑物,使其特别适合高层建筑的需求。

然而,剪力墙结构也存在一些缺点和限制,主要是墙体间的距离不能过大,这限制了平面布局的灵活性,不易满足公共建筑的复杂需求。此外,由于主要采用混凝土材料,导致结构自重较大,回收利用率低。为了弥补这些不足,提出通过改良楼板构造和增大剪力墙间的距离等方法,形成大开间剪力墙结构,或者通过在底层或低部几层去除部分剪力墙,采用框架－剪力墙结合的方式,以增加空间的灵活性。在我国,底层或多层大空间剪力墙结构的应用已经逐渐普及,并且这一结构体系还在不断的实践和研究中得到发展和完善。

(3)框架－剪力墙结构

框架－剪力墙结构体系是通过将剪力墙与框架结构相结合,既能承担垂直载荷也能承担水平载荷,有效地发挥各自的优势,互相补充。当剪力墙以筒体形式存在时,称作框架－筒体结构体系,其承载能力、侧向刚度及抗扭能力均显著提升。此体系不仅在材料使用上更为高效,而且在建筑布局上也极为合理,经常将筒体用作电梯井、楼梯井及竖向管道通道。此类结构适宜建造较高的高层建筑,并在我国被广泛采用。

框架－剪力墙结构的优势在于能够整合两种结构的优点,同时弥补它们的不足。在实际应用中,根据特定的建设要求,可灵活选择不同材料进行结构设计,使得该体系的各项性能均衡,应用范围广泛。例如,组合结构可以由钢筋混凝土的内筒和钢框架构成,内筒采用滑模施工技术,而外围的钢柱则因其小的断面、大的开间和跨度,安装方便,这种方式充分发挥了混凝土和钢材的优势,达到节约材料的目的,为该结构体系提供了更广阔的应用空间。

在建筑高度较低的情况下,例如 10 到 20 层,单片剪力墙就可以作为结构的基本单元。而采用剪力墙筒体作基本单元的结构,则可以支撑更高的建筑,如 30 至 40 层的高度,展示出框架－剪力墙结构在我国早期至现代的广泛应用和发展。

这三种基本结构体系都有广泛的应用,结合不同材料的选择,其综合比较见表 3－2。

表 3－2　三种结构体系性能比较

结构体系		自重	承载能力	造价	施工	回收率
剪力墙结构	砌体结构	重	低	低	简便	低
	钢筋混凝土结构	较重	高	较低	较简便	低
框架结构	钢结构	轻	高	高	较简便	高
	钢筋混凝土结构	较轻	较高	较高	较复杂	低
框架—剪力墙结构	钢筋混凝土结构	一般	较高	较高	较复杂	低
	钢筋—混凝土组合结构	较轻	高	高	较复杂	较高

综上所述,不同的结构体系其性能差异较大,要根据具体条件综合确定。但从节约材料的角度出发,应选取强度高、自重轻、回收率高的结构体系,要优化各种结构体系,发挥其长、克服其短。

2.平面楼盖

平面楼盖主要是把垂直载荷和水平载荷传递到抗侧力结构上,其主要类型按截面形式、施工技术等可以分成以下三种基本类型:

(1)实心楼板

包括肋形楼板和无梁平板。这是我国采用的常规楼板结构类型,比较简便,跨度适中,但其用材多、自重大。

(2)空心楼板

包括预制和现浇空心楼板。预制空心楼板的工业化程度高,但跨度较小。现浇空心楼板施工相对比较复杂,但其自重轻、跨度较大。

（3）预应力楼板

采用预应力技术的预制和现浇楼板,包括空心和实心。与同类非预应力楼板相比,自重更轻、跨度更大。

由于采用了预应力技术,楼板结构变得更轻、跨度更大,其节约材料的效果相当显著。六种楼板的综合比较见表 3-3。

表 3-3　六种楼板的综合比较

类型	自重	适用跨度/m	施工	适用范围
肋形实心楼板	较重	4~8	一般	一般民用和公共建筑
无梁实心平板	较重	6~9	较简便	车库、仓储等大荷载建筑
预制空心楼板	较轻	4~6	较复杂	一般民用和公共建筑
现浇空心楼板	轻	6~12	较简便	大开间民用和公共建筑
预应力实心楼板	较轻	9~12	较复杂	大开间民用和公共建筑
预应力空心楼板	很轻	12~18	较复杂	大跨度无梁公共建筑

3. 基础

在建筑结构中,楼板的作用是将荷载传递给抗侧力系统,这些抗侧力系统进一步将荷载传递给建筑的基础,再由基础传递到地基之中。因此,基础在整个建筑结构中起到至关重要的作用。基础类型按照受力特性和结构形状主要可以分为以下几类:

（1）独立柱基和条形基础

独立柱基和条形基础是建筑结构中两种常见的基础形式,主要由灰土、砖石结构、混凝土等材料制成。这两种基础类型因其施工简便、成本低廉的特点,被广泛应用于承受相对较轻载荷的中低层建筑中。独立柱基通常用于支撑建筑结构的单独立柱,而条形基础则多用于承载墙体或一系列相邻立柱的荷载。

这些基础的设计考虑到了经济性和实用性,使其在小型项目或住宅建筑中得到有效利用。尽管如此,独立柱基和条形基础在承载力和抗变形能力方面存在一定的局限,不能适用于高层建筑或承受较大荷载的结构。这主要是由于它们的构造简单,无法有效分散和传递较大的荷载。

此外,独立柱基和条形基础的施工过程相对简单,不需要复杂的模板或大量的钢筋,因此能够在短时间内完成基础的建设。然而,随着建筑技术的发展和建筑物功能需求的提高,对基础的性能要求也随之增加,这就需要在基础设计与施工中采用更高级的技术和材料,以满足更高的结构安全和使用性能要求。

(2)筏板基础

筏板基础,亦称作筏式基础,是一种由钢筋混凝土构成的厚板基础,通常用于高层建筑或地基承载力较弱的地区,以均匀分散建筑载荷到较大面积的地基上。这种基础类型具有很高的承载能力和良好的防水性能,能有效应对地下水位高和土壤不均匀沉降的问题,同时为地下室等地下结构提供了坚实的支撑平台。

筏板基础因其整体性强、变形小的特点,尤其适合在不均匀沉降的土地上建造大型结构,如高层住宅、办公楼等。在施工过程中,通过浇筑厚实的混凝土板,可以有效地抵抗土壤的不均匀压缩,减少建筑物倾斜和裂缝的风险。

此外,筏板基础的设计和施工需要精确的计算和高质量的施工控制。它的布局设计需充分考虑地下室的空间需求和未来的使用功能,同时也要注意基础与地基的相互作用,确保整个建筑结构的安全稳固。通过筏板基础,可以在地下部分创造出较大的开阔空间,适用于停车场、储藏室以及各种设备室的需求,增加了建筑物的使用价值和功能性。因此,筏板基础不仅是一种承重结构,也是提高建筑物使用效益的重要手段。

(3)箱形基础

箱形基础,通常由钢筋混凝土墙板围合而成,形成一个或多个封闭的箱体结构。它在承载能力、整体性和防水性能上表现出色,特别适合于承受重负荷的高层建筑或者在地基条件复杂、不均匀沉降严重的地区使用。箱形基础的独特结构设计使其能够有效地抵抗土壤的侧向压力和地下水的浸润,从而保障地下室和基础的安全稳定。

此类基础通常用于地下结构较多、需要较强防水和承载力的建筑项目,如大型商业中心、地铁站、地下车库等。由于箱形基础可以作为地下室的外围结构,因此极大地利用了地下空间,同时也提高了土地的使用效率。在施工过程中,箱形基础要求高精度的模板和钢筋绑扎工作,以确保结构的密封性和强度。

尽管箱形基础在施工技术和成本上较为复杂和高昂,但它在特定条件下提供了无法替代的解决方案,特别是对于那些地基条件差、负荷要求高的项目。通过合理设计和精确施工,箱形基础不仅能满足工程安全稳定的需要,还能有效地提升建筑物的整体性能和使用价值。

(4)桩基础

桩基础是一种深基础形式,主要由预制或现场浇筑的桩体组成,其作用是将上部结构的荷载通过桩体传递到地下深处的承载力较强的土层中。桩基础广泛应用于地基承载力较差、土层不均匀、建筑物荷载较大或需要防止地面沉降的工程中。根据施工方法不同,桩基础可分为打桩(如预制桩、钢桩)和钻(灌)桩两大类。

桩基础的主要优势在于其能够有效避免复杂地质条件对建筑安全的不利影响,尤其适用于水位较高、软土层较厚的地区。此外,桩基础还具有较好的抗震性能,能够在地震等自然灾害中提供额外的稳定性和安全保障。

在设计和施工过程中,需要根据地质调查结果和建筑物自身特点精确选择桩的类型、直径、长度及布置方式,确保桩基础系统的合理性和经济性。桩基础施工的精确度和质量直接关系到整个建筑的安全稳定,因此在施工过程中需要严格控制施工质量,确保每根桩的位置、深度和质量符合设计要求。

五、建筑装修节材

我国广泛存在的二次装修现象导致了大量材料的浪费,并伴有多种问题。因此,推行商品房一次性装修到位变得尤为重要。所谓的一次性装修到位,意味着在房屋交付时,所有固定空间的墙面已全部完成铺装或涂饰,厨房和卫生间的基础设施也已安装就绪,亦称之为全装修住宅。

一次性装修的好处不止于节材节能,还包括减少环境污染、避免因重复装修引起的邻里纠纷,并且对于维护房屋的长期使用寿命极为有利。此外,采用模块化设计(或称菜单式模式),通过房地产开发商、装修团队与购房者共同协商,根据不同的房型提供多种装修方案供选。为满足业主个性化的需求,一些能够体现个人风格的区域,如客厅的吊顶、玄关和影视墙等,可以预留空白,供业主自行设计。

从国际及国内部分实践案例来看,模块化设计是未来的发展趋势,业主可以从提供的模块中选择喜欢的客厅、餐厅、卧室、厨房等,设计师随后将这些模块进行组合,并统一整体风格,从而降低设计与施工成本。家庭装修主要涉及木工和油漆工项目,可通过在工厂内完成大部分工作后,再到现场进行安装和组装的方式实现家庭装修的工厂化,进一步优化装修过程。

传统家装模式主要分为两类:

①依据预先制定的设计方案现场施工,并同时制作所需家具。这种方式可以确保家具与室内其他木制品(如门框、散热器罩、踢脚板等)的颜色搭配一致。然而,现场手工操作不可避免地会产生噪音、污染及由于质量和工期问题引发的消费者不满。施工现场充斥着铁锤和电锯的噪声、空气中弥漫的尘埃和锯末,以及使用的某些材料(例如刨花板、胶合板等)及油漆、黏合剂释放的刺激性气味,严重影响了消费者的健康。此外,手工制作的木质产品容易发生变形、油漆不平和起泡等质量问题。

②很多消费者在进行简单的基本装修之后,会根据个人喜好和设计师建议到家具城选购家具。这种购买方式往往难以使人完全满意,常常出现颜色不匹配、款式不协调、尺寸不适宜等问题,导致家具

与整体空间装饰风格无法形成统一,破坏了装饰特色,且未能发挥家具的装饰功能。

针对以上问题,一些装修公司经过不断探索与实践,推出了"家具装修一体化"的新型装修方式,受到了广泛欢迎。装饰公司将家装工程中的所有木工制作(包括门、门框、木窗、家具、散热器罩、踢脚板等)全部转移到工厂中完成,使用环保级别高的中密度纤维板替代低端的复合板材,通过高温压制和精细的漆面处理工艺,生产出在光泽度、精度、颜色和质量上都达到理想标准的木质产品和家具。此外,"一体化"生产在环保方面也更为可靠,消费者在装修完成后可立即入住,避免了装修留下的化学物质对人体的伤害。在时间上,工厂的同步生产使得基础工程一结束,木制品即可现场组装,改变了传统施工顺序,大幅缩短了施工周期,节省了消费者的时间和精力。通过工厂化生产,基本实现了材料的全面利用,损耗率控制在 2% 以内,与现场施工相比,材料损耗率降低了 5%~6%,从而使装修成本降低了10% 以上。

六、利用当地建材资源

我国地大物博,各地资源条件各异,因此全国各地的建筑材料种类自然不宜统一。若强行统一,不仅会增加某些地区的建筑成本,因远距离运输而消耗大量能源,还会浪费当地的自然资源。因此,推行建材的地方化、本地化使用是十分必要的,即依据当地资源条件,选用本地材料进行建设,使建筑与地方特色建材相匹配。

生土建筑是一种典型的利用本地资源的建筑方式,我国的黄土高原地区如陕西、甘肃、山西、河南等地,历史上和现在仍有大量居民生活在窑洞中。窑洞一般采用长方形平面和圆拱形屋顶的设计,有时数个窑洞并排,用小窑洞相连。另一种具有传统特色的生土建筑是福建永定的客家土楼,这种多层结构的建筑冬暖夏凉,节能环保。生土建筑不仅节省了能源和材料,还避免了对环境的污染和破坏,是本地化建材利用的佳例。

第三节　废弃物利用与建筑节材

可以用于生产建筑材料的废弃物很多,主要有建筑垃圾、工业废渣、农业废弃物(如植物秸秆)等。

一、建筑垃圾再生利用

建筑垃圾通常指在建筑活动过程中,如新建、修缮、拆除等环节产生的固体废弃物。在我国,大量的建筑垃圾未经处理便被随意运至城郊或乡村进行露天堆放或填埋,这一做法引发了一系列严重问题:

①对生态环境造成恶化,如混凝土废渣的碱性导致土壤失活,影响植物生长;污染地下和地表水,威胁水生生物生存和水资源利用。

②占用大量土地资源,尤其是耕地。例如,堆积 10000 吨废弃混凝土需要占地 670 平方米。随着城市建设的扩大和生活条件的改善,建筑垃圾量的增长将加剧土地占用问题。

③影响市容和环境卫生。建筑垃圾堆放地通常位于城市郊区,其粉尘、灰砂随风扩散,不仅污染周边居民的生活环境,还损害城市形象。

因此,简单地堆放处理建筑垃圾的方式,不仅威胁到人类的生存环境,也阻碍了社会可持续发展战略的实施。全球各国正在采取措施,努力实现建筑垃圾的减量化、无害化和资源化,其中,资源化利用成为处理建筑垃圾的有效路径。例如,利用建筑垃圾制造非承重轻质砖、混凝土再生骨料等,可实现建筑垃圾的循环利用。

然而,早期的建筑垃圾利用技术水平低下,利用范围狭窄,导致大量优质建筑垃圾被浪费。目前,建筑垃圾资源化利用新技术成为国际关注的焦点,诸如废旧建筑塑料、废旧防水卷材、废弃混凝土和砖瓦等的利用,展示了利用建筑垃圾生产再生建材的巨大潜力。

城市建筑垃圾问题与日益严重的耕地破坏、环境污染形成鲜明对比,利用建筑垃圾造建材不仅实现了资源的循环利用,还解决了这一双重难题。随着相关法律、法规的完善和实施,建筑垃圾的循环利用逐渐成为施工企业和环保部门的重要任务。近年来,我国在建筑垃圾再生利用方面的研究与实践已取得显著进展。

(一)废弃混凝土

废旧混凝土作为建筑行业最大体量的废料,近年随着城市化步伐加快,因拆除和改建增多而排放量激增。荷兰是最早进行再生混凝土研究与应用的国家之一,80年代便已制定了关于使用再生骨料制备素混凝土、钢筋混凝土及预应力混凝土的标准,详细规定了利用再生骨料生产混凝土的技术要求,并明确,若再生骨料占骨料总质量的比例不超过20%,混凝土的生产可完全依照天然骨料混凝土的设计和制备方法执行。

韩国一家装修企业成功开发了一项技术,能从废旧混凝土中分离出水泥,并实现水泥的再生利用。该技术首先将废弃混凝土中的水泥与石子、钢筋等分离,随后将水泥在700℃的高温下进行处理,并添加特定物质,生产出再生水泥。据悉,每处理100吨废弃混凝土可得约30吨再生水泥,其强度与常规水泥相当或更佳,成本仅为常规水泥的一半,且生产过程不产生二氧化碳,环保性好。韩国日产废弃混凝土超5万吨,同时面临水泥原材料石灰石资源枯竭问题,该技术不仅有助于缓解建筑废弃物处理难题,也为解决自然石资源短缺提供了新思路。

(二)废旧建筑塑料

全球建筑业每年消耗的塑料量约占全球塑料总产量的四分之一,达到1000万吨以上,是塑料应用领域中的最大消费者。对于废塑料的处理,包括废旧的建筑用塑料,各国都已经实施了不同程度的回收和再利用措施。例如,英国有公司开发了一种技术,能够将85%的废聚苯乙烯碎片通过压碎、混合、加热后,加入4%的滑石粉作为加固剂和 9 种其他添加剂,制成类似木材的产品。这种人造木材在外观、强度和使用性能上都能与松木相媲美,已被用于建房。意大利是欧洲在废塑料回收利用方面做得最为出色的国家之一,废塑料占其城市固体废弃物的 4%,回收率达到 28%。该国还开发出了一种从城市固体废物中分离废塑料的机械设备,并通过一系列的处理过程,如干法粉碎废聚乙烯、磁筛除去金属杂质、清洗、脱水、干燥以及通过挤出机造粒,使这些回收的塑料材料在加入新材料后能够保持足够的力学性能。

（三）废旧防水卷材

自 20 世纪 90 年代以来,我国防水卷材年产量从约 3000 万平方米逐年增加至 21 世纪初的 5000 万至 8000 万平方米。尤其是 PVC、PE、PU 等塑料高分子防水卷材,市场占有率显著,发展迅速。然而,由于技术限制和市场价格因素,许多防水卷材产品的耐久性较低,如 SBS 改性沥青防水卷材的使用寿命通常为 5 至 8 年,PVC 防水卷材约为 5 年。鉴于防水卷材的广泛应用和较短的使用寿命,国内废旧防水卷材量日益增加,若不进行有效回收将对环境造成重大影响。防水卷材主要由有机材料构成,具有较高的再利用价值。目前,国内废旧防水卷材的回收利用率低,这既浪费了资源,也对环境造成了污染。因此,研发和推广防水卷材的回收利用技术,既迫切又必要。

（四）废旧玻璃

多个国家积极开展将废弃物转化为建筑材料的工作,特别是废玻璃的回收利用。英国、丹麦、瑞典、瑞士等国从 20 世纪 70 年代起便开始对碎玻璃进行收集回收,并在多个公共区域设立了回收点。英国于 1977 年建立了专门的玻璃再生中心。德国、俄罗斯、瑞士等地也建立了大量的碎玻璃回收站,进行系统性的碎玻璃收集工作。

美国则探索将碎玻璃用于混凝土制造中,研究发现,添加 35% 的玻璃骨料的混凝土,其性能达到甚至超过了美国材料测试协会的标准。尽管早期研究指出高碱水泥可能腐蚀玻璃骨料，但已发展出多种解决方案。美国矿山局的试验表明，使用发泡玻璃骨料代替玻璃碎片能取得更佳效果。此方法不仅减少了混凝土的重量，而且未降低其强度和其他性能，显示了废玻璃在建筑材料领域的巨大潜力和环保价值。

日本的常总木质纤维板公司在环境商务风险投资单位的支持下，开发了一种融合碎玻璃的经济型涂料，该涂料已广泛应用于道路、建筑物表面、室内墙面和门等。这种含碎玻璃的涂料在光照下能散发出散射光，不仅具有优良的防事故功能，还美化了装饰效果。其生产流程包括将回收的玻璃瓶碎片研磨至去除锋利边缘，与等量涂料混合后制得。

另一方面，芬兰的英诺拉西公司采纳了一项创新技术，通过利用回收的碎玻璃生产装饰性饰面砖，其成品中高达 95％为回收玻璃。这一过程不需要对玻璃原料进行提纯或上色，仅需加入 5％的添加剂即可。混合后的物料经过压制成型，然后在 900℃的高温下焙烧 12小时。这种玻璃饰面砖色彩丰富多样，可以根据需要生产不同颜色，其耐腐蚀性和耐磨性与天然石材相媲美。这种外观雅致的绿色建材，不仅适合用作外墙装饰，也可用于室内装饰、壁炉美化和园林等场合，展现了废旧玻璃在建筑材料中的新生命和广阔应用前景。

在我国，某科研机构成功研发了一种利用黏土、锯屑和玻璃粉（即回收的碎玻璃）混合制成的泡沫玻璃材料。通过将这些材料混合压制成型后，经过干燥并送入推板式隧道窑中烧结，由于锯屑在烧结过程中完全燃烧，留下大量的空隙，从而制得了具有良好机械强度和隔热性的玻璃产品。该产品最大的优势在于原料成本低廉，生产过程简单，不需模具，降低了生产投资成本。此外，产品在烧结过程中不会发生软化或变形，外观精美，具有很好的装饰效果。

此外，我国还研制出以碎玻璃为主要原料的墙地面装饰板和用于道路及广场铺设的砖,这种被称为"玻晶砖"的绿色建材,拥有仿玉或仿石的外观,其性能超越了粉煤灰水泥砌块、水磨石和陶瓷砖,与烧结法生产的微晶玻璃相媲美。玻晶砖的莫氏硬度可达6左右,抗折强度为40~50MPa,远超过陶瓷砖,且由于其较低的孔隙率,使其更易清洁,颜色一致性好,无放射性,有效解决了外墙或地面装饰时的易脏问题。利用废旧玻璃生产玻晶砖,不仅能耗低、工艺简单,而且生产成本相对较低。

另一个研究所成功开发出用废弃玻璃粉制成的人工彩色釉砂,赋予了釉砂独特的玻璃质感和柔和色彩,具有良好的耐候性。实验表明,这一利用废玻璃的生产工艺极具发展潜力。彩色釉砂颜色丰富,包括玉绿、湖蓝、酱红等多达30种以上的色彩,并能根据需求调配颜色和粒度规格。它可以直接用于建筑外墙的装饰,或作为外墙涂料的着色骨料,也可以预制成图案装饰板材或用作彩色沥青油毡的防火装饰材料,展现了废旧玻璃资源再利用的多样化可能。

二、工农业废弃物与建筑材料

(一)粉煤灰

粉煤灰是火电厂的副产物,如若不妥善处理,会造成环境污染及土地资源的浪费。粉煤灰的合理利用,既能节约资源,又能减少环境污染,对保护地球环境具有重要意义。粉煤灰主要由硅质和硅铝质材料构成,包含较高比例的氧化硅、氧化铝和氧化铁,总含量大约占85%,其他成分如氧化钙、氧化镁和氧化硫含量相对较少。其矿物质主要为晶体矿物和玻璃体,经过高温处理后,玻璃体结构在粉煤灰中占主导地位。粉煤灰的颗粒主要由玻璃微珠、多孔玻璃体及碳粒组成,颗粒大小在0.001~0.1毫米范围内。这些特性使得粉煤灰成为制造各种建筑材料的理想选择,如水泥和混凝土的掺合料、制作墙板、加气混凝土、陶粒、粉煤灰烧结砖和蒸压粉煤灰砖等。

（二）矿渣

国外积极探索利用废弃物制造建材,特别是废玻璃的应用:英国、丹麦、瑞典和瑞士等国自 20 世纪 70 年代起便开始回收利用碎玻璃,在各地设立回收点。英国于 1977 年底成立了玻璃再利用中心,提高碎玻璃的再利用效率。德国各城市的居民区、公园、商店等地均设有回收站。俄罗斯莫斯科和瑞士的许多城镇也都开展了碎玻璃的回收工作。

美国将碎玻璃加入混凝土中,研究发现这样的混凝土满足了美国材料试验协会的相关标准。尽管早期研究表明高碱水泥可能侵蚀玻璃骨料,但已发展出多种解决方案。美国矿山局的测试认为,使用发泡的玻璃骨料代替碎玻璃更为理想。通过高温加热含有发泡剂的玻璃粉直到冷却,可产生轻质骨料,这种骨料使混凝土的容重大大减轻,而不损害其强度或其他性能。

（三）硅灰

硅灰,亦称微硅粉,是在炼制硅铁及工业硅过程中产生的副产品。当硅蒸气在烟道中遇氧化而形成的二氧化硅（SiO_2）粉末,通过收尘系统被收集。这种物质含有 85% 至 95% 的非晶形态活性 SiO_2,其平均粒径约 $0.1\sim0.15\mu m$,远小于水泥的平均粒径,比表面积达到 $15\sim27m^2/g$,显示出极高的表面活性。硅灰主要被用作水泥或混凝土的掺加料,用以提升水泥或混凝土的性质,可制备出具有超高强度（C70 以上）、耐磨、耐侵蚀、防腐、防渗、耐冻及早期强度高的特种混凝土。由于采用硅灰的混凝土易于达到高强度和高耐久性,因此可减小混凝土结构构件的截面,延长建筑物的使用年限,有效实现建筑节能降耗的目标。

（四）稻壳灰

中国作为全球主要的水稻种植国之一,每年产生的稻壳量约为 5400 万吨。随着合成饲料的普及,稻壳作为饲料的用途大大减少,大量稻壳通常通过燃烧处理,造成空气污染。然而,稻壳燃烧后形成的稻壳灰与硅灰性质类似,含有丰富的活性二氧化硅,这使其成为生产多样建筑材料的理想选择。例如,在日本,稻壳灰与水泥和树脂混合后压制成的砖具备良好的防火、防水和隔热特性,且重量轻,不易碎。美国利用 65% 的细磨稻壳灰和 30% 的熟石灰、5% 的氯化钙混合,与水泥、沙子和水混合后可制得一种混凝土砂浆,该砂浆固化后具有较高的强度和良好的防水防渗性,适合用于仓库和地下室。稻壳煅烧后形成的活性炭粉与石灰化学反应可生成黑色稻壳灰水泥,具有优良的防潮性能和不结块特性,特别是添加了防老化罩光剂后,能使建筑表面展现柔和而典雅的光泽。

在多雨的国家如印度,稻壳灰被用来改良沥青,制成的新型材料能够承受高达 80℃ 的高温,具有出色的防水性能,使用寿命超过 20 年,已经开始大规模生产。巴西的一家公司发现稻壳灰高熔点和低热传导率的特性,通过球磨机研磨后与耐火黏土和有机溶剂混合,成功制造出适用于易燃易爆物品仓库的耐火砖。

(五)煤矸石

我国属于全球最大的煤炭生产国之一,以煤炭为主导的能源结构十分显著。在煤层中不可避免地会夹杂着煤矸石,这种在开采和清洗煤炭过程中产生的岩石残渣,构成了我国工业废料中最大的一部分。每年生成的煤矸石数量巨大,大约占到同期煤炭总产量的 10%,超过 1 亿吨。

对煤矸石进行煅烧后,其灰渣主要含有 SiO_2(40%~65%)、Al_2O_3(15%~35%)、CaO(1%~7%)、MgO(1%~4%)、Fe_2O_3(2%~9%)等元素。这表明,经过处理的煤矸石可作为混凝土的一种添加剂,不仅能减少水泥的使用量和能耗,还可以大规模回收利用这种工业废料,减少环境污染,并提升混凝土的品质,增强其抗碳化和耐硫酸盐侵蚀的性能。

此外,经过恰当处理的煤矸石还可用作其他建筑材料的生产原料。然而,煤矸石的长期堆积不仅浪费资源,占据大量土地,还会严重污染空气和生态环境,对人们的健康造成威胁。目前,我国在煤矸石利用方面的技术还相对较为落后,使得其利用率不尽人意。因此,煤矸石的综合利用对于资源节约、环境保护及可持续发展具有重要意义,如何有效提升其利用率是我们面临的一大挑战。

(六)淤泥

我国地大物博,河流湖泊众多,因此每年产生的淤泥量极为庞大。特别是在沿海地区,海泥的积累量不断上升,对海洋和沿海生态环境造成了显著影响。据相关研究机构调查,我国河流和湖泊每年能产生的淤泥量至少达到 7000 万吨,如果再加上城市下水道系统产生的污泥,这个数字年总量将超过 1 亿吨。城市污泥中含有的有害物质,如果处理不当,不仅会严重污染环境,还会占用大量的农用地,并增加河道疏浚成本。

鉴于此,加强和开发淤泥综合利用技术显得尤为迫切。大量淤泥中富含硅质和钙质材料,筛选后的优质淤泥可作为多种建筑材料生产的原料。江河和湖泊的淤泥主要由高岭土、石英、长石和铁质组成,有机物含量较低,颗粒细腻,含有的少量粗粒垃圾和细砂,使其成为制备建筑材料的理想选择。依据现行技术,合格的淤泥至少可在三个方面发挥作用:用作水泥制造的辅料,如页岩、砂岩、黏土等;用于生产人造轻骨料(例如淤泥陶粒)及其制品;以及替代黏土制造新型高级墙体材料。

淤泥的利用不仅对建材行业的发展大有裨益,带来经济效益,还能通过开发利用江河湖泊淤泥,助力河道疏浚、增加蓄排水量,提高河道的引排能力和防洪能力,减轻农民经济负担和地方政府的财政压力,促进水利建设的良性循环。同时,为建材企业开辟了新的原料来源,有助于节约其他自然资源,有效减少淤泥堆积造成的环境污染,减轻环境负担,保护耕地资源。海泥的应用还可在一定程度上缓解赤潮污染和航道堵塞问题,有利于海湾生态环境保护和海洋经济发展。

(七)农作物秸秆

我国是一个农业大国,具有丰富的农作物秸秆资源,其中以稻草、小麦秸秆、玉米秸秆为主。秸秆作为一种重要的可再生资源,其有效利用关键在于实现其工业化处理。在我国农村,尽管农作物秸秆资源丰富,但其利用效率仍然较低。目前,大量秸秆资源未能得到充分开发与应用,仅有约 2.6% 的技术处理量,导致资源浪费严重,同时也引发了环境污染和安全隐患等问题。因此,寻找秸秆资源转化利用的新途径成为迫切需要解决的问题。

废弃植物纤维在建筑材料领域具有巨大的应用潜力。例如,利用环保型植物纤维强化水泥基建筑材料,不仅能将废弃物转化为宝贵资源,还能减少环境污染,为建筑材料行业提供低成本的原料来源,减少对珍贵自然资源的依赖,推动循环经济发展。

通过将秸秆与膨润土或黏土以及水玻璃等黏结剂相结合,可以制备出适用于建筑物内外墙的轻质高强板材。此外,采用秸秆基础原料,添加硅酸盐水溶液和水玻璃作为黏结剂,混入适量淀粉或有机纤维素等成型辅助剂,可以制成具有良好隔热和隔声性能的轻质高强建筑板材。

此外,利用聚异氰酸酯类有机黏结剂和秸秆,添加防火、抗静电及杀菌剂,可以生产出具有轻质、低导热、防静电、阻燃及抗菌特点的建筑板材。将秸秆经过硼砂溶液和氢氧化钙悬浮液处理后,得到的材料可作为保温隔热、隔声、防火材料,适用于轻质夹芯复合墙板的生产。同时,秸秆碎屑与亚黏土的配合使用,还可以制造超轻质建筑砖。

在我国,建材行业正逐步利用工农业废弃物作为生产原料,这不仅是良好的开端,也为推动建材行业的循环经济发展奠定了基础。随着行业节能和环保意识的增强,建材行业已经成为废物利用的重要领域之一,为促进社会可持续发展作出了积极贡献。

第四章　绿色施工的综合技术与应用

第一节　地基与基础结构的绿色施工综合技术

一、深基坑双排桩加旋喷锚桩支护的绿色施工技术

（一）双排桩加旋喷锚桩技术适用条件

在选择双排桩加旋喷锚桩作为基坑支护方案时，需要充分考虑工程本身的特性及其周边环境的具体要求。目标是在确保地下结构施工安全及周围建筑稳固的基础上，追求经济效益与施工便捷性，同时提高施工效率。该技术主要适用于以下几种情形：①当基坑的开挖面积大、周长较长、形态较为规则时，特别是在基坑侧壁中段易出现过大变形的情况下；②基坑的开挖深度比较深，且周围环境条件差异显著，某些侧壁周围较为空旷，而某些则较为复杂；基坑设计需考虑周边不同的环境和地质状况，以实现"安全、经济、科学"三大设计准则；③若基坑开挖区域内，尤其是中下部分及底部存在粉土或粉砂层，一旦出现流沙现象，将严重影响基坑的稳定性；④地下水主要由表层填土中的滞水和微承压水组成，必须采取有效的基坑防水和降水措施。

（二）双排桩加旋喷锚桩支护技术

1.钻孔灌注桩结合水平内支撑支护技术

结合水平内支撑的钻孔灌注桩技术方案，通过东西对撑和角撑的布置方式来实施。这种方法对周边环境的影响相对较小，但存在一定的局限性：首先，若考虑到施工场地过于紧张，采用此方案会导致无法进行分块施工，且在安排了办公区、临时道路等必要设施后，将不留有额外的施工空间；其次，由于水平内支撑的浇筑、养护、土方开挖以及后期的拆除工序会延长整个工期，这可能无法得到建设方的接受。

2.单排钻孔灌注桩结合多道旋喷锚桩支护技术

单排钻孔灌注桩配合多道旋喷锚桩的支护技术,这里面引入了一种新型的锚杆——加筋水泥土桩锚。该技术通过插入金属或非金属加劲体于水泥土中来施工,其直径范围从 200 到 1000mm 不等,可以是水平、斜向或竖向的,且可能具有等截面、变截面或扩大的头部。这种加固技术适用于各种土质,如砂土、黏性土和粉土等,特别是在难以进行常规锚杆施工的粉土、粉砂层中尤为有效,因为其锚固体直径大于常规锚杆,能提供更大的锚固力。采用该技术的优势在于,可以根据建筑设计的要求进行分块施工,既保证了足够的作业空间,也能在一定程度上节约工程成本。不过,如果选择"单排钻孔灌注桩配合多道旋喷锚桩"的支护形式,需要注意的是,在下层土体开挖时,上层的斜桩锚需要超过 14 天的养护时间并完成张拉锁定,这可能会对土方开挖及整个地下工程的施工周期产生一定影响。

3.双排钻孔灌注桩结合一道旋喷锚桩支护技术

为了符合建设单位对工期的要求,同时保障工程安全,采取减少锚桩道数的措施成为必然选择。然而,减少锚桩道数意味着支撑点的减少,这可能导致围护桩承受的变形和内力增加,进而影响基坑侧壁的稳定性。通过采用双排桩支护结构,可以在一定程度上缓解这一问题。双排桩通过设置前后两排桩体,并将两排桩顶通过具有较大刚度的压顶梁相连,形成一个空间超静定结构,这样的结构不仅整体刚度大,而且能有效地通过力偶抵抗侧压力,显著减少支护结构的位移。

尽管如此,仅依靠双排桩的悬臂支护形式在对深达 11 米的基坑提供足够安全保障方面存在一定的局限性,相较于桩锚支护体系,其变形相对较大。因此,在综合考虑加快工期与确保基坑侧壁安全的基础上,选择"双排钻孔灌注桩结合一道旋喷锚桩"的组合支护形式,既可以满足加快工程进度的需求,又能在一定程度上确保工程的稳定性和安全性。这种组合方式利用了双排桩和旋喷锚桩各自的优势,为深基坑工程提供了一个既经济又实用的解决方案。

(三)基坑支护设计技术

1.深基坑支护设计计算

双排钻孔灌注桩结合一道旋喷锚桩的组合支护形式是一种新型的支护形式,该类支护形式目前的计算理论尚不成熟,根据理论计算结果,结合等效刚度法和分配土压力法进行复核计算,以确保基坑安全。

(1)等效刚度法设计计算

等效刚度法是一种基于抗弯刚度等效原则的理论,通过将双排桩支护体系视为具有较大刚度的连续墙体来处理。在这一理论框架下,双排桩加锚桩支护体系被简化为连续墙加锚桩的形式,进而利用弹性支点法来估算锚桩承受的拉力。以一个具体例子为例:假设前排桩的直径为 0.8m,桩间的净距为 0.7m;后排桩的直径为 0.7m,桩间的净距为 0.8m;桩间的土体宽度为 1.25m,且前后排桩的弹性模量均为 3×10^4 N/mm²。基于这些参数,可以将该双排桩支护体系等效为一个宽度为 2.12m 的连续墙进行计算。

然而,这种计算方法的一个主要缺点在于,它没有考虑到前后排桩的差异,即将两排桩视为一个整体进行计算,因此无法对前后排桩各自的内力进行分别计算。这种简化虽然便于计算,但可能无法精确反映实际情况,特别是在前后排桩的材料、尺寸或间距等参数存在明显差异时,这种差异可能对整体支护结构的性能产生重要影响。因此,虽然等效刚度法为双排桩支护体系的设计提供了一种便捷的计算手段,但在应用时需要注意其局限性,并结合具体情况进行适当的调整和补充计算。

(2)分配土压力法设计计算

根据土压力分配理论,前后排桩各自分担部分土压力,土压力分配比根据前后排桩桩间土体积占总的滑裂面土体体积的比例计算,假设前后排桩排距为,土体滑裂面与桩顶水平面交线至桩顶距离为,则前排桩土压力分配系数。将土压力分别分配到前后排桩上,则前排桩可等效为围护桩结合一道旋喷锚桩的支护形式,按桩锚支护体系单独计算。后排桩通过刚性压顶梁与前排桩连接,因此后排桩桩顶作用有一个支点,可按围护桩结合一道支撑计算,该方法可分别计算出前后排桩的内力,弥补等效刚度法计算的不足,基坑前后排桩排距2m,根据计算可知前(后)排桩分担土压力系数为0.5,通过以上两种方法对理论计算结果进行校核,得到最终的计算结果,进行围护桩的配筋与旋喷锚桩的设计。

2.基坑支护设计

基坑支护设计方案如下:上部设计为放坡2.3m加花管土钉墙。下部支护结构采用前排 Φ800mm,中心距1500mm的钻孔灌注桩,后排 Φ700mm,中心距1500mm的钻孔灌注桩,加上一道旋喷锚桩进行加固,前后排桩之间的距离设定为2米。所有桩体及压顶冠梁与连梁的混凝土设计强度等级为 C30。在处理地下水问题上,采用 Φ850mm,中心距600mm的三轴搅拌桩进行全封闭止水,结合坑内设置疏干井进行疏干,形成综合的地下水处理方案。

3.支护体系的内力变形分析

对于支护体系内力及变形的分析:基坑的开挖过程中,支护结构的变形和坑外土体的位移是不可避免的。在设计支护结构时,评估基坑开挖可能对周边环境造成的影响,并据此选择合适的支护措施,对确保施工期间的安全与周边环境的保护至关重要。设计过程中需要综合考虑支护结构的稳定性、内力分布及变形控制,以及对周边建筑和地下设施可能产生的影响,从而制定出既科学又安全的基坑支护方案。通过精确的计算和合理的设计,可以有效减少基坑工程对周边环境的负面影响,保障施工过程的顺利进行。

(四)基坑支护绿色施工技术

1.钻孔灌注桩绿色施工技术

在基坑支护的钻孔灌注桩工程中,混凝土的强度等级设置为

C30,适用于水下施工条件。压顶冠梁的混凝土等级也被设定为C30。针对灌注桩的保护层厚度设定为50mm,而冠梁和连梁的结构保护层厚度则定为30mm。为确保施工质量,灌注桩的沉渣厚度控制在100mm以内,充盈系数为1.05～1.15,桩位的偏差限制在100mm内,桩径偏差不超过50mm,桩身的垂直度偏差控制在1/200以内。

在钢筋笼的制作和安装过程中,需要精确遵循设计图纸,并严格按照国家相关规范执行,以避免任何放样错误。灌注桩中使用的钢筋焊接接头要求单面焊接长度为10d(钢筋直径),双面焊接长度为5d,同一截面的接头比例不超过50%,接头之间要相互错开35d。在桩体底部及顶部2m范围内禁止设置钢筋接头。纵向钢筋在进入压顶冠梁或连梁时,直线锚固段长度需不低于0.61倍的钢筋直径,而90°弯钩的平直段长度不应小于钢筋直径的12倍(即12d)。

考虑到粉土粉砂层的特殊性,施工时应采取适当措施如优质泥浆护壁成孔、调整钻进速度和钻头转速等,或进行成孔试验以确保围护桩的成桩质量。同时,钢筋笼的质量控制和安装标高需严格监控,安装后需要对位置进行检查,特别是内外侧配筋的准确性,并确保钢筋笼固定牢固有效。混凝土灌注过程中,应防止钢筋笼位置上浮或低于设计标高,同时防止桩顶标高过低导致的烂桩头现象,确保桩顶标高与设计相符,避免不必要的材料浪费。

2. 旋喷锚桩绿色施工技术

在基坑支护设计中,采用加筋水泥土桩锚,也称旋喷桩,特别注意保护周边环境,选用的是专用的慢速搅拌中低压旋喷设备。该设备能够施工最大直径为1.5m、最深达35m的旋喷桩,实际施工时,旋喷锚桩的直径设为500mm,深度为24m。为保证施工质量,旋喷锚桩施工前,需先挖出一条深度比锚桩设计标高低约300mm、宽度不小于6m的沟槽作为工作面。

旋喷锚桩的施工步骤包括钻进、注浆、搅拌和插筋,使用42.5级普通硅酸盐水泥制成的水泥浆,水泥掺入量为20%,水灰比为0.7,这个比例根据实地土层情况进行调整。水泥浆需均匀拌合,保证一次拌合的水泥浆在初凝前使用完毕。搅拌过程中的压力设置为29MPa,提升速度控制在 20～25cm/min,直至浆液从孔中溢出,确保旋喷锚桩的扩大头和设计长度达标。

锚筋采用 3～4 根预应力钢绞线,每根钢绞线的抗拉强度标准值为 1860MPa,由 7 根钢丝绞合而成,留出 0.7m 长以便于张拉。当钢绞线通过压顶冠梁时,其自由段与斜拉锚杆应成直线,自由段处需加装 Φ60 塑料套管并进行防锈、防腐处理。

在压顶冠梁和旋喷桩强度达到设计强度的 75% 后,使用 OVM系列锚具锁定钢绞线。张拉工作使用高压油泵和 100 吨的穿心千斤顶,先进行 20% 的预张拉荷载预张拉两次,然后按 50%、100% 的锁定荷载分级张拉,超张拉至 110% 设计荷载,保持 5 分钟后,若无锚头位移,再按锁定荷载进行锁定,锁定拉力为内力设计值的 60%。锚桩张拉的目的是通过预应力使锚桩自由段产生弹性变形,施加必要的预应力值,整个过程需严格控制张拉设备的选择、安装、张拉荷载分级、锁定荷载以及测量的准确性,确保施工质量。

(五)地下水处理的绿色施工技术

1.三轴搅拌桩全封闭止水技术

基坑支护设计加筋水泥土桩锚采用旋喷桩,考虑到对被保护周边环境等的重要性,施工的机具为专用机具——慢速搅拌中低压旋喷机具,该钻机的最大搅拌旋喷直径达 1.5m,最大施工(长)深度达35m,需搅拌旋喷直径为 500mm,施工深度为 24m。旋喷锚桩施工应与土方开挖紧密配合,正式施工前应先开挖按锚桩设计标高为准低于标高面向下 300mm 左右、宽度为不小于 6m 的锚桩沟槽工作面。

旋喷锚桩施工应采用钻进、注浆、搅拌、插筋的方法。水泥浆采用 42.5 级普通硅酸盐水泥,水泥掺入量 20%,水灰比 0.7(可视现场土层情况适当调整),水泥浆应拌和均匀,随拌随用,一次拌合的水泥浆应在初凝前用完。旋喷搅拌的压力为 29MPa,旋喷喷杆提升速度为 20～25cm/min,直至浆液溢出孔外,旋喷注浆应保证扩大头的尺寸和锚桩的设计长度。锚筋采用 3～4 根 4 束 15.2 预应力钢绞线制作,每根钢绞线抗拉强度标准值为 1860MPa,每根钢绞线由 7 根钢丝铰合而成,桩外留 0.7m 以便张拉。钢绞线穿过压顶冠梁时自由段钢绞线与土层内斜拉锚杆要成一条直线,自由段部位钢绞线需加 Φ60 塑料套管,并做防锈、防腐处理。

在压顶冠梁及旋喷桩强度达到设计强度 75％后用锚具锁定钢绞线,锚具采用 OVM 系列,锚具和夹具应符合《预应力筋用锚具、夹具和连接器应用技术规程》(JGJ 85－2010),张拉采用高压油泵和 100 吨穿心千斤顶。

正式张拉前先用 20％锁定荷载预张拉两次,再以 50％、100％的锁定荷载分级张拉,然后超张拉至 110％设计荷载,在超张拉荷载下保持 5 分钟,观测锚头无位移现象后再按锁定荷载锁定,锁定拉力为内力设计值的 60％。锚桩的张拉,其目的就是要通过张拉设备使锚桩自由段产生弹性变形,从而对锚固结构施加所需的预应力值,在张拉过程中应注重张拉设备选择、标定、安装、张拉荷载分级、锁定荷载以及量测精度等方面的质量控制。

2.坑内管井降水技术

基坑工程中,地下水的处理采用管井降水法,井管内径为 400mm,井管间距大约 20 米。为确保有效降低地下潜水位和微承压水头,进而保障基坑边坡的稳定,管井降水设施需在开始挖掘基坑之前布置并完成,同时实施预抽水操作,以便有足够的时间最大限度地降低土层内的地下水位。

管井施工的具体工艺流程如下:首先进行井管的定位,然后进行钻孔和清孔作业,接着是吊放井管到预定位置。之后,回填滤料并进行洗井处理,安装深井降水装置并进行调试,以启动预降水过程。随着挖土工作的进行,需要分节拆除已经完成任务的井管,确保管井顶部标高比挖土面标高高出约 2 米。降水工作应持续到基坑底部以下

1 米处,同时在坑内布置盲沟,并通过盲沟将坑内的管井串联起来,管线通过坑内垫层下的盲沟排至坑外。在基础筏板混凝土达到设计强度之后,根据地下水位的实际情况,暂停部分坑内管井的降水操作。当地下室的坑外回填完成后,停止坑边管井的降水工作,并最终撤离现场。

在管井定位过程中,应使用极坐标法进行精确定位,避免与已有的桩位冲突,同时考虑避开基坑挖掘的主要运输通道。为确保抽水效果,管井抽水潜水泵采用水位自动控制系统,确保降水效率和基坑工程的顺利进行。严格的管井布置和质量控制是保证降水成功和基坑稳定的关键。

(六)基坑监测技术

为了确保围护结构及周边环境的安全,并保障基坑的安全施工,需要根据深基坑工程的特性、现场实际情况及周围环境,进行如下项目的监测:包括围护结构(冠梁)的水平和垂直位移、围护桩的桩体水平位移、土体深层的水平位移、坡顶的水平及垂直位移、基坑内外的地下水位、周边道路和地下管线的沉降以及锚索的拉力等。

基坑监测的测点间距应控制在不超过 20 米,所有监测项目的测点在完成安装和埋设之后,都需要在基坑挖掘前进行初始数据的采集,且采集次数不少于三次。监测工作应该从支护结构施工前开始,一直持续到地下结构工程施工完成为止。一个完善的基坑监测系统,不仅需要对支护结构本身的变形和应力进行持续监测,也需对周边建筑、道路及地下管线的沉降情况进行跟踪,以便及时了解周围环境的变化情况。

在施工监测过程中,监测单位需要及时向项目团队提供监测结果,并在发现任何潜在问题时,立即提出相应的建议和警告。设计和施工团队应根据监测数据及时采取相应的措施,这样才能确保支护结构及周边环境的安全,达到绿色施工的目标。通过这种方式,可以有效预防和控制基坑施工过程中可能出现的安全隐患,保障施工的顺利进行。

二、超深基坑开挖期间基坑监测的绿色施工技术

（一）超深基坑监测绿色施工技术概述

随着城市建设的不断推进,利用空间资源,特别是地下空间的开发利用,已成为建筑业追求经济效益的重要方向,由此引发了深基坑施工的各类问题。深基坑工程因地下土质性质、荷载条件和施工环境等因素的复杂多变,仅依靠理论推算、地质勘查结果和室内土工试验参数来确立设计与施工计划,存在许多不确定性。特别是对于规模较大、环境要求严格的项目,实时监测施工过程中土体性质、周围环境以及邻近建筑和地下设施的变化情况,已成为工程建设中不可或缺的一环。

依据广义虎克定律反映的应力－应变关系,结构的内力和抗力状态必然会体现在其变形上。基于此,建立以变形监测为核心的水土作用和结构内力分析方法显得尤为重要。工程施工前,根据实际情况预设各种具有代表性的监测点,运用现代化的监测仪器和设备,实时从这些监测点收集准确的数据,通过计算分析,向项目相关各方提供工程环境的当前状态和趋势分析,建立一个高效的工程环境监测系统。这一系统需内部各环节与外部各方保持良好的协调和一致,其作用包括:

第一,为工程质量管理提供基础数据和决策依据,能够实时掌握施工影响下的地下土层、地下管线、设施及地面建筑的状况及受影响程度。

第二,及时发现和预测潜在的危险情况及其发展趋势,依据测量数据制定预警和预报,及时采取有效的技术措施,确保工程安全,预防事故发生。

第三,通过现场监测数据动态反馈,指导施工全程,优化相关参数,实现信息化施工管理。

第四,利用监测数据了解基坑设计强度,为未来的工程成本控制

和设计优化提供依据。

总之,通过建立和执行严密的工程环境监测系统,不仅可以保障施工过程的安全,还能为提高工程质量、优化设计和降低成本提供科学依据。

(二)超深基坑监测绿色施工技术特点

深基坑施工中,通过人工创建的挡土和隔水界面面临复杂的水土互动和内力作用,这些作用状态因水土物理性能在空间和时间上的大幅变化而显得尤为复杂。利用变形测量数据,通过已建立的力学计算模型,可以分析当前的水土互动和内力状态,这对于评估基坑的安全性至关重要。由于水土作用和界面结构内力的测量技术既复杂又成本高昂,此技术成为了基坑安全判断的重要手段。

深基坑施工监测的特点包括时效性、高精度性和等精度性:

1.时效性

基坑监测的特征是与降水、开挖过程相配合,具有明显的时间性。监测结果随时间动态变化,一天前的数据可能已不再具有实际意义,因此需要持续监测,通常情况下每天监测一次。在关键时期或测量对象变化迅速时,可能需要每天进行多次测量。这就要求监测方法和设备能够快速收集数据,并能适应包括夜间和恶劣天气在内的各种条件,实现全天候工作。

2.高精度性

在正常条件下,基坑施工的环境变形速率可能低于 $0.1mm/d$,要准确测量这种微小的变形,就必须使用特殊的高精度仪器。

3.等精度性

基坑施工监测通常关注的是变化值而非绝对值,因此监测工作应尽量保证等精度,即使用同一种仪器,在同一位置由相同的观测者按照统一的方案进行测量。

综上所述,深基坑施工监测是一个复杂但至关重要的过程,它不仅需要高精度的技术和设备支持,还需要符合时效性和等精度性的要求,以确保工程安全、有效地指导施工,并为将来的工程设计提供可靠数据。

(三)超深基坑监测绿色施工技术的工艺流程

超深基坑监测的绿色施工技术主要针对开挖深度超过 5 米的深基坑施工中,围护结构的变形和沉降,以及周边环境的监测。这涵盖了建筑物、管线、地下水位和土体等的变化监测,以及基坑内部支撑的轴力和立柱等的变形监测。

监测内容细化为:

1.水平支护结构的位移

关注水平方向上围护结构的变形情况,包括向外或向内的位移。

2.支撑立柱的水平位移、沉降或隆起

监测支撑系统中立柱的水平位移和垂直方向的沉降或隆起情况,确保支护系统的稳定性。

3.坑周土体位移及沉降变化

监测周围土体在施工过程中的位移和沉降情况,评估对周边环境可能造成的影响。

4.坑底土体隆起

观察并记录坑底土体是否有隆起现象,这可能是地下水位变化导致的结果。

5.地下水位变化

定期监测地下水位的变化,分析其对基坑稳定性和周边环境的影响。

6.相邻建构筑物、地下管线、地下工程等保护对象的沉降、水平位移与异常现象

监测周边建筑、地下设施的位移和沉降情况,及时发现可能的异常现象,采取相应的预警和防护措施。

通过这些监测内容,可以全面掌握超深基坑施工对自身结构及其周边环境的影响,为确保施工安全和环境保护提供科学依据。实

施绿色施工技术,旨在通过高效、低影响的监测手段,最小化施工过程中的环境干扰,实现可持续的城市建设目标。

(四)超深基坑监测绿色施工技术的技术要点

1. 监测点的布置

合理的监测点布设是实现经济有效监测的关键。监测项目的选择应基于工程需求和现场实际情况。在确定监测点布置之前,必须充分了解基地周围的环境条件、地质状况及基坑的围护设计方案。通过借鉴以往的经验和基于理论预测,可以合理考虑监测点的布设位置和密度。

对于能够预先布设的监测点,应在工程开工之前完成埋设,并确保它们在正式开工前有一个稳定的期限,以便收集各项静态初始值。沉降和位移的监测点应该直接安装在需要监测的对象上,以确保数据的准确性。

对于那些难以直接在被监测对象上设置监测点的情况,如道路地下管线,若无法开挖样洞进行设置,则可以在人行道上埋设水泥桩作为模拟监测点。这些模拟桩的深度应该稍大于管线的深度,并在地表安装井盖进行保护,以免影响行人安全。此外,如果在道路上存在管线井、阀门或其他管线设施,可以直接在这些设施上设置监测点进行观测。

总之,监测点的合理布设和监测项目的恰当选择对于确保基坑工程的安全性、监测数据的准确性和施工过程的经济性至关重要。通过精心规划和科学布局,可以有效掌握基坑施工过程中的各种变化,为工程安全提供有力保障。

2. 周边环境监测点的埋设

周边环境监测点的埋设应遵循现行国家相关规范的要求,一般原则是在基坑开挖深度的 3 倍范围内对地下管线及建筑物设置监测点。这样做是为了全面监控施工活动可能对周边环境产生的影响,确保周边建筑物和设施的安全。

在选择管线监测点时,应优先选择最老、最硬、直径最大的管线,并尽量选取地面露出的设施如阀门、消防栓、窨井等作为监测点,这不仅可以减少施工成本,也便于监测工作的进行。对于管线监测点的具体埋设,通常采用长约80mm的钢钉直接打入地面,这样的监测点不仅能代表管线的位移和变形,同时也能反映路面的沉降情况。

对于房屋监测点的设置,应尽可能利用建筑物原有的沉降测量点。在没有现成测点可用的情况下,可以通过埋设钢钉来新建监测点。这样的做法既可以确保监测数据的准确性和可靠性,又能在一定程度上减少新监测点布设的复杂性和成本。

总之,周边环境监测点的合理布设是保证深基坑施工安全、有效管理施工风险的重要措施。通过精心规划和严格执行,可以最大限度地减少施工对周边环境的负面影响,保障周边建筑物和设施的稳定安全。

3.基坑围护结构监测点的埋设

基坑围护墙顶的沉降及水平位移监测点的设置是在围护墙顶每隔10～15m处埋设一段长10cm、顶部带有"＋"标记的钢筋,用于观测垂直及水平位移。这些监测点能够有效跟踪围护墙顶部在施工过程中的变形情况。

对于围护桩身的测斜监测,则需根据基坑围护的具体情况,特别是针对那些容易发生塌方的部位,进行重点布设。通常,测斜管以20～30m的间隔,平行于基坑围护结构布设,使用内径为60mm的PVC管作为测斜管。这些管道应与围护灌注桩或地下连续墙的钢筋笼捆绑在一起,并与钢筋笼同样深度埋设。所有接头需用自攻螺丝紧固并用胶布密封,管口还需加装保护钢管以防损坏。测斜管内设有两组相互垂直的导向槽,用于控制测试方位,以确保测斜管在下钢筋笼时一组导向槽垂直于基坑围护,另一组平行于基坑围护,并保持测斜管的竖直。

坑外水位的测量也至关重要,因为地下水位的降低后可能会导致周围地下水向基坑内渗漏,进而引发塌方。水位监测管根据水文地质资料,在含水量大和渗水性强的区域,基坑外边以 20～30m 的间距平行于基坑边埋设。水位监测孔的安装首先用钻机在预定位置钻到设计深度,清洁钻孔后放入 PVC 管,管底使用透水管并外侧附加滤网,最后用黄沙回填孔。

支撑轴力监测通过安装应力计来完成,应在围护结构施工期间由施工单位协助安装,一般选择方便的位置,在几个不同断面上各安装两个应力计以取得平均值。应力计通过电缆线引出,并进行编号,编号可以采用号码圈或色环标记,色环的颜色代表不同的数字,以便于识别和记录数据。

监测地下土体的应力和水压力变化,土压力计和孔隙水压力计的安装至关重要。土压力计应在基坑围护结构施工同步安装,确保其压力面朝外。土压力计的埋设数量依据挖掘深度决定,首个从地面下 5m 处开始安装,之后每隔 5m 沿深度方向埋设一个。通过钻孔方法进行埋设,压力盒通过焊接于钢筋并置于清理干净的孔内,通过观察压力盒读数的变化来确定其安装状态,安装后用泥球回填并压实。土压力计一般安装在基坑潜在隐患区域的围护桩侧向受力点上。

孔隙水压力计则需要使用钻机钻孔,根据深度需求在孔中放入多个压力计,使用干燥黏土球填实孔内,等待黏土球吸水膨胀后封堵钻孔。这两种压力计的安装均需注意引线的编号和保护工作。

基坑回弹孔的埋设位于基坑内部,每隔 1m 沿孔深放置一个沉降磁环或钢环。分层沉降仪包括分层沉降管、钢环和电感探测器,通过波纹状柔性塑料管安放钢环,当地层沉降带动钢环同步下沉,通过钻孔将分层沉降管埋入土层,用细沙回填并压实,注意保护钢环不被损坏。

基坑内部立柱沉降监测点通过在支撑立柱顶面预埋长约 100mm 的钢钉来实现。

所有测点布设完成后,应在地形图上进行标注,并赋予每个测点唯一编号。为便于识别,不同类型的测点应使用不同的点名前缀,例如应力计命名为"YL-1",测斜管为"CX-1",通过这种命名方式,可以快速准确地识别不同的监测点类型。这种系统化的命名和记录方式对于监测数据的管理和分析至关重要,有助于提高监测工作的效率和准确性。

4.监测技术要求及监测方法。

(1)测量精度

根据国家现行标准,水平和垂直位移的测量精度均需达到±1.0mm以上。在进行垂直位移测量时,由于基坑施工对周边环境可能产生的影响通常扩散到坑深的3到4倍范围,因此选择的沉降观测后视点需要位于这一影响范围之外,并至少设置两个后视点。应使用精密水准仪并采取二等精密水准观测的方法进行双向测量,确保测回校差在±1mm以内。在施工前对地下管线、设施和地面建筑等进行基础数据的收集,并在施工期间根据实际需要定期进行测量,频率可能从每几天一次到每天多次不等,通过比较每次观测值与初始值或前次观测值来计算累计和日变量。测量时要保持观测人员、测站和转点的一致性,严格遵守国家二级水准测量技术规范。

对于水平位移的测量,则需使用 Wild T2 精密经纬仪,采用偏角法进行。测站应设置在基坑施工影响范围外,选取不少于三个外向观测点,并确保每次观测都进行定向。为预防测站点损坏,还需在安全区域设置一个备用的保护点,用于必要时的测站恢复。在首次观测时测定测站至各观测点的距离,以便计算秒差。此后的观测中,只需测量角度的变化即可计算位移量。水平位移观测的频率和报警阈值设置与垂直位移监测相一致。

随着基坑开挖工程的进行,原本稳定的土体内部应力状态会发生改变,引起围护墙体和深层土体的水平位移。为了测量这种位移,测斜管的使用至关重要。每次测量开始前,都需要用经纬仪记录测斜管口的位移量,接着通过测斜仪测定测斜管内侧向的位移。测量时,测斜仪的滑轮会从管底逐渐向上移动,在每上升 1m 或 0.5m 时记录一次数据,完成后将测头旋转 180°再次测量,以此为一测回。通过比较测斜管内各测点的位移值和管口的位移量,就可以计算出土体的绝对位移量。位移方向通常以基坑边缘方向上的直接或经过换算的垂直分量为准。

地下水位的监测也是基坑施工中不可缺少的一环。首次监测需记录水位管口的高程,以此为基准计算地下水位的初始高程。随着工程的进展,根据需要的监测周期和频率,记录每次的地下水位高程变化量和累计变化量。水位孔的高程通过三级水准测量获得,而管顶至水位的高差则由钢尺水位计确定。

支撑轴力的测量需要将应力计或表面计安装在支撑上,并与频率接收仪配合,形成一套完整的测量系统。通过现场数据计算出的应力值以及观测点的累计变化量——即实时测量值与初始值之间的差值,以及本次测量值相较于上一次测量值的变化量,均是保证基坑施工安全的重要参数。

(2)土压力测试

用土压力计测得土压力传感器读数,由给定公式计算出土压力值。

(3)土体分层沉降测量

在进行土体分层沉降的测量时,采用地表的电感探测装置根据电磁频率的变化确定钢环的确切位置,并通过钢尺的读数来测定钢环的深度。这样,可以依据钢环位置的深度变化,观察到不同层级地层的沉降情况。首次测量需记录分层沉降管口的高程,以此为基础测定地下各土层的起始高程。随着工程的推进,将根据设定的监测周期和频率,记录地下各土层高程的变化情况,包括每次的变化量和总的累计变化量。

（4）监测数据处理

对于监测数据的处理，所有结果都应详细记录在为本项目专门设计的表格中，并明确注明初始值、本次测量的变化量和累计变化量。项目完成后，需要对收集到的监测数据进行详尽分析，尤其是对那些超过报警值的数据，进而绘制曲线图并撰写详细的工作报告。基坑施工期间的监测工作应由具备相应资质的第三方机构执行，所有监测数据需由监测单位直接发送至相关部门。一旦监测数据超出了预先设定的报警值，相关报告上必须加盖红色警告章，以便采取相应的应急措施。

（五）超深基坑监测绿色施工技术的质量控制

基坑测量工作遵循一级测量标准，确保沉降观测的误差控制在 ± 0.1mm 内，位移观测的误差不超过 ± 1.0mm。监测工作为施工管理提供重要的形变数据，确保施工过程中信息的准确传递与决策的科学性。为此，监测人员需全面了解工作环境、内容及目标，通过以下措施确保监测质量：精确组织、明确人员职责、严格遵守测量规范和操作程序。此外，还需进行资料的自检、互检和审核，强化对监测点和测试元件的保护，包括设置醒目的标志并提醒施工人员保持警觉，对受损的监测点立即进行修复，以保证数据的连续性。

根据工程变化和监测数据的动态调整监测频率，及时向项目甲方、总承包商和监理等相关单位反馈变形信息，便于及时调整施工策略和工序，有效控制环境和围护结构的形变风险。测量仪器必须经过专业机构的鉴定后方可使用，并定期进行自检，一旦发现误差超标应立即送检修正。与相关单位紧密配合，制定应急预案，保持通信畅通，根据需要实时增加监测频率。加强现场测量桩点的保护工作，确保所有桩点都有明确的标识以防止误用和损坏，并对每项测量活动实施自检、互检和交叉检验，确保监测工作的准确性和有效性。

（六）超深基坑监测绿色施工技术的环境保护

超深基坑监测中采用的绿色施工技术，在确保施工安全和提高

工程效率的同时,特别注重环境保护,力求实现工程建设与生态环境的和谐共存。绿色施工技术通过以下几个方面实现对环境的保护:

1.低碳监测设备的使用

在超深基坑监测中,优先选择能耗低、污染小的监测设备。如采用太阳能供电的监测站,无线传感器等,减少因电线布设而造成的环境干扰,同时降低能耗。

2.减少现场作业量

通过采用自动化、智能化监测设备,减少现场作业人员,降低施工过程中的噪音和扬尘污染,减轻对周边环境的影响。

3.监测数据的精确快速传输

利用现代信息技术,如物联网、云计算等,实现监测数据的实时传输和处理,减少纸质报告的使用,提高工作效率的同时保护环境。

4.优化施工方案

通过对监测数据的实时分析和处理,及时调整施工方案,有效控制施工过程中对地下水、土壤等自然资源的影响,减少对生态环境的破坏。

5.应急预案的制定和执行

根据监测数据及时预警,制定详细的环境保护应急预案,如遇特殊情况能够快速响应,最大程度减少环境风险。

6.环境影响评估

施工前进行全面的环境影响评估,合理布置监测点,避免对生态敏感区的破坏,保护生物多样性。

通过上述措施,超深基坑监测的绿色施工技术不仅提升了施工管理的科学性和效率,同时也体现了对环境保护的高度责任感,促进了建筑工程与自然环境的和谐共生。

第二节　主体结构的绿色施工综合技术

一、大吨位 H 型钢插拔的绿色施工技术

（一）大吨位 H 型钢下插前期准备

在围护设计中，对于那些重力宽度不足的部分，可以通过在双轴搅拌桩内插入 H700×300×13×24 型钢来强化结构，而在局部重力坝处则插入 14♯a 槽钢，特殊区域则采用相同规格的 H 型钢加固。双轴搅拌桩和三轴搅拌桩都是通过钻杆强制搅拌土体并注入水泥浆，形成水泥土复合结构，增强土体强度。但是，双轴搅拌桩的施工工艺与三轴搅拌桩有所不同，主要区别在于双轴搅拌桩不具备土体置换功能，因此不能仅靠 H 型钢的自重实现下插，需要外力辅助。这种情况下，可以采用 PC450 型机械手进行辅助下插。而在 SMW（三轴搅拌）工艺中，插入 H 型钢可以通过吊车定位后，利用 H 型钢的自重实现下插。不论是哪种方式，H 型钢的下插都应在搅拌桩施工完成后的三小时内完成，并且为了便于将来的 H 型钢回收，下插前应在其表面涂抹减摩剂，以降低摩擦，方便操作。这样的设计和施工方法不仅增强了围护结构的稳定性，也考虑到了材料的可回收性，符合可持续发展的理念。

（二）型钢加工制作绿色施工技术

依据设计需求，当 H 型钢的长度在规定的尺寸范围内时，建议使用整根型钢进行下插。对于游泳池区域等需要较长型钢的部位，则通过对接方式以满足设计长度要求。对接的型钢采用双面坡口焊接法，焊接作业需严格遵循《钢结构质量验收规范》（GB 50205－2011）的要求，使用的焊条为 E43 型或更高规格，确保焊接质量符合标准。

在支护结构完工且 H 型钢的结构强度达到设计标准后，所有的 H 型钢都需被拔出并回收利用。为了便于 H 型钢的拔出，使用前必须在其表面均匀涂抹减摩剂，以降低摩擦。在涂抹减摩剂前，应彻底

清理 H 型钢表面的污垢和铁锈。减摩剂使用前需加热至完全融化，确保涂层均匀无偏差，防止涂层不均、剥落。遇到雨天或型钢表面潮湿时，需先用布擦干再进行涂抹，避免直接在湿润表面施工导致涂层剥落。如果在清除铁锈后未立即涂抹减摩剂，涂刷前必须再次清除表面灰尘。对于已涂抹减摩剂且发现涂层有开裂或剥落的情况，需及时铲除损坏部分并重新涂抹，保证涂层的完整性和效果。这些措施不仅有助于 H 型钢的顺利拔出和回收，同时也确保了施工过程的环保和经济效益。

（三）H 型钢下插技术要点

根据设计需求，H 型钢的长度应在固定范围内选用整根材料进行下插，而在游泳池等区域，由于型钢长度较长，需通过对接方式来满足设计长度。对接部分采用双面坡口焊接，焊接过程严格遵循《钢结构质量验收规范》(GB 50205－2011) 的要求，使用 E43 级及以上焊条以确保焊接质量。

为了确保支护结构的 H 型钢在结构强度达标后能够完整拔出并回收，使用前必须对其涂刷减摩剂，帮助其更容易拔出。型钢表面需均匀涂刷减摩剂，并清除表面的污垢和铁锈。减摩剂在使用前需加热至完全融化，并确保搅拌均匀后再涂抹于 H 型钢表面，以防涂层不均、易剥落。雨天或型钢表面潮湿时，应先擦干后再进行涂刷，避免直接在湿润表面涂刷减摩剂。若型钢表面在清除铁锈后未即时涂刷减摩剂，需在涂刷前再次清除表面灰尘。任何涂层一旦出现开裂或剥落，必须清除后重新涂刷。

对于使用 42.5 级水泥的搅拌桩施工，由于凝固时间较短，型钢的下插需在搅拌完成后 30 分钟内进行。PC450 机械手用于双轴搅拌桩内插 H 型钢，将型钢吊至围护桩中心，辅以夹具定位后沿中心线下插。SMW 工法中，H 型钢下插同样需在完成后 30 分钟内进行，使用吊车就位并通过自重插入。为确保 H 型钢顺利下插，型钢使用前在顶端开中心孔,并在该处加焊加强板,同时根据高程控制点确定型钢标高。型钢表面需均匀涂刷减摩剂以利下插和后续拔出。在下插过程中,通过使用线锤校验垂直度,并适时调整以保证其垂直性。完成后,拆除吊筋和定位卡以便重复利用,节约资源。

（四）H 型钢拔除的绿色技术

在地下结构建设完成并达到设计要求的强度后,以及进行了适当回填之后,将进行 H 型钢的拔除和回收工作。此过程中,使用专门的夹具和千斤顶,以圈梁作为反力梁,通过反复顶升将 H 型钢逐步拔出。整个拔除过程中,使用吊车保持对已顶出部分 H 型钢的支持,当千斤顶将 H 型钢顶至一定高度后,再借助 25 吨的吊车将其完全吊出并堆放至指定区域,最后统一从工地运出。

在浇筑压顶圈梁时,需要挖出并清理 H 型钢露出部分的水泥土。在绑扎圈梁钢筋之前,那部分埋设于圈梁中的 H 型钢两侧腹板和翼板上,各贴上一块 10mm 厚的泡沫塑料片（共四对八片）,高度从圈梁底部至少超出圈梁顶部 10cm,并使用直径大于 8 号的 U 形粗铁丝进行固定,以确保泡沫片不会脱落,保障未来 H 型钢能够顺利被回收。

起拔速度应根据监测数据进行控制,通常维持在每次约 10 根的范围内。为减少对周边环境的影响,采用跳跃式起拔方式,间隔三根拔出一根。每当一根 H 型钢被完全拔出后,立即进行灌浆填充,使用的是纯水泥浆料,水灰比约为 1.2,采用自流方式进行回填,以减少拔钢后对周边环境的影响。同时,对可能受影响的管线采取适当保护措施,包括管线的暴露或悬吊。若监测到严重情况,将考虑布设临时管线。在拔除过程中,需加强该区域内的监测工作,一旦发生报警,则立即停止拔除操作。

二、大体积混凝土结构的绿色施工技术

（一）大体积混凝土结构

对于放疗室、防辐射室这类大体积混凝土结构,采用绿色施工技术对提升建筑质量至关重要。这些建筑的施工特点包括顶部、墙体和地面三界面的全封闭一体化施工,涉及大壁厚和大体积混凝土的整体浇筑。其核心技术包括根据实际尺寸精确施工的柱、梁、墙和板的交叉节点支模技术,以及设置分层、多方向浇筑的无缝作业流程,这要求特别注意不同部位的分层厚度及新旧混凝土接合面的处理。

此外,为了确保混凝土浇筑的连续性,需要灵活设置预留缝的技术,以适应工程进度和质量要求的变化。在混凝土浇筑过程中,实施实时的温度控制和全程养护技术也是保证工程质量的关键措施。通过这些绿色施工技术的综合运用,不仅能保障工程质量,而且能满足放疗室和防辐射室等特殊功能建筑的使用要求,确保其安全性和功能性。这种全面、连续和综合的绿色施工应用,是实现建筑工程高质量完成的必要条件。

(二)大体积混凝土绿色施工综合技术的特点

大体积混凝土的绿色施工综合技术主要展现在以下几个关键方面:

1.全方位浇筑技术

该技术特别强调在顶部、墙体和地面三个界面采用根据不同构造尺寸特征量身定制的整体分层、多方向连续交叉浇筑方法,结合全程细致的温度控制和养护技术。这种方法有效预防了大壁厚混凝土结构易出现的开裂问题,相较于传统施工方法显著提高了工程的整体质量和防辐射性能。

2.分层连续浇筑顺序

实行单一方向、全面分层、逐层至顶的连续交叉浇筑顺序,浇筑层的厚度标准设置在450mm,特别注重底板厚度变异处的质量控制,将其定为A类质量控制重点。

4.参数化支模技术

通过采用柱、梁、墙板节点的参数化支模技术,对节点的构造质量进行精细化处理,确保了大壁厚顶部、墙体和地面全封闭一体化防辐射室结构的高质量完成。

5.应急施工缝设置

在紧急情况下采取随机设置施工缝的策略,并同步铺设不超过30mm厚的同配比无石子砂浆,以保障混凝土接触面的强度和防渗性能。

这些技术特点综合体现了大体积混凝土绿色施工在提高工程质量、加强环保意识、保障结构安全性等方面的优势,是实现高质量、高性能、低影响建设的有效途径。

(三)大体积混凝土结构绿色施工工艺流程

大体积混凝土结构的绿色施工工艺流程是一种旨在提升建筑质量、节能减排和保护环境的施工方法。这一流程注重在整个施工周期内实施高效、环保的技术和措施,以下是其主要工艺流程:

1.项目策划和环境评估

在工程启动前,进行详细的项目策划,包括环境影响评估,确保施工方案对周边环境影响最小化。同时,选择环保材料和高效能的施工设备,为绿色施工打下基础。

2.选择环保型材料

采用低碳、环保的混凝土材料,如使用粉煤灰、矿渣等工业副产品作为混凝土配合比中的一部分,减少水泥使用量,降低碳排放。

3.施工前准备

对施工人员进行绿色施工培训,确保每位施工人员都能理解并执行绿色施工的相关技术和要求。同时,设立监测点,对施工中的噪音、扬尘等污染进行实时监控。

4.精细化施工计划

在施工过程中,采用分层、分向连续交叉浇筑的施工方法,优化浇筑顺序和方法,减少混凝土开裂和温度裂缝的风险。

5.温度控制与养护

实施精细化的温度控制和养护技术,通过在混凝土内部设置温度传感器,实时监控混凝土温度,采用适当的冷却或保温措施,保证混凝土质量。

6.绿色技术应用

在结构加固、模板支撑等方面采用绿色技术和材料,如使用可回收的支模系统,减少木材使用。

7.施工后评估与回收

施工完成后,对大体积混凝土结构进行质量评估,确保达到设计要求。同时,对施工过程中产生的废弃物进行分类回收,减少对环境的影响。

8.工程质量和环保成果记录

记录和总结工程的质量和环保成果,为后续项目提供经验分享。

通过上述工艺流程的实施,大体积混凝土结构的绿色施工不仅能够确保结构的安全性和功能性,还能有效地保护环境,实现施工过程的可持续性发展。

(四)大体积混凝土结构绿色施工技术要点

1.大体积厚底板的施工要点

在施工过程中,首先铺设一条尺寸为 $100\mathrm{mm}\times100\mathrm{mm}$ 的橡胶止水带,这样做可以有效防止混凝土浇筑时,模板与垫层面之间的漏浆和泛浆问题。面对厚底板钢筋密集的情况,为确保钢筋网的有效覆盖和绑扎,快易收口网需要按层次逐步安装并进行绑扎。为维护这些部位模板的完整性,每片快易收口网的高度设置为钢筋直径的 3 倍,且采取内下外上的层叠方式,底层收口网置于塞缝带内侧。

为了提高快易收口网的整体稳定性和刚度,安装完毕后,在结构钢筋部位的快易收口网外侧(即后浇带一侧),增加一根直径为 12mm 的钢筋,并将其与收口网绑扎固定。在厚底板的施工中,采用分层连续交叉浇筑的方法,特别是在厚度发生变化的区域,每一浇筑层的厚度应控制在 400mm 左右,同时确保模板缝隙和孔洞的密封性,防止漏浆现象发生。这样的施工细节处理,不仅能够提升施工质量,还有助于确保结构的稳固性和耐久性。

2.钢筋绑扎技术要点

在厚墙体施工过程中,钢筋的绑扎工作尤为关键,需确保水平筋的位置精确无误。操作时,首先需要将下层的伸出钢筋进行调直,确保其顺畅无弯曲,然后对下层的钢筋进行绑扎,特别是要注意解决那些伸出位移较大的钢筋问题。对于门洞口处的加强筋,其位置的准确性同样重要。在绑扎加强筋前,应根据洞口边缘线使用吊线找正的方法来调整加强筋的位置,确保其安装位置的准确性,以保证结构的稳定性和安装的精度。

对于大截面柱、大截面梁和厚顶板等结构部件的钢筋绑扎,则可以按照常规的施工规范进行,这些部分通常没有额外的特殊要求。通过遵循这些基本原则和细节操作,可以有效保障结构的强度和耐久性,确保建筑安全稳固。

3.降温水管埋设技术要点

在建筑结构中,特别是对于墙体、柱子和顶部结构,根据它们的具体尺寸,可以采用直径为 2 英寸(50.8mm)的钢管预制成回形管片,这些管片之间的间距大约设定为 500mm。为了临时封堵管口,可使用略大于管径的钢板,并通过点焊的方式进行固定。

在钢筋的绑扎过程中,根据墙体、柱子和顶部的具体厚度,回形管片需要分成两层预埋于结构之中。然后,使用短钢筋将这些回形管片与钢筋网焊接固定,确保它们在混凝土浇筑过程中的位置稳定性。这种做法不仅可以提高结构的整体强度,还可以在后期施工或维护时为穿线、安装各种管线提供便利,有效优化建筑的实用性和可维护性。通过这种预埋回形管片的方法,可以在建筑施工中实现更高效、更灵活的管线布局,同时也为未来可能的改造或升级提供了便利条件。

4.柱、梁、板和墙交叉节点处模板支撑技术要点

为了满足交叉节点支模的精度要求,特别在梁与板的交接处,需要特别注意负弯矩钢筋的布置。梁的负弯矩钢筋和板的负弯矩钢筋应适当高出板面设计标高 50～70mm,以便在浇筑防辐射混凝土后,局部形成超高,增强结构的辐射防护能力。

为了确保交叉节点的模板支撑能够实现参数化和精确度,建议对最大梁高进行调整,即降低主梁的底面标高 30～50mm,这样做在保证主梁底净高允许的条件下,可以满足尺寸精度的需求。同时,对于次梁底面标高也应进行调整,根据不同截面净高的允许范围,将次梁的梁底标高下降 30～40mm,而保持次梁的配筋高度不变,确保主梁能够完全按照设计标高进行施工,满足交叉节点参数化精确支模的要求。

此外,对于墙模板的转角处接缝、顶板模板与梁墙模板的接缝处,以及墙模板接缝处等,应采取逐缝平整粘贴止水胶带的措施,这样可以有效解决无缝施工过程中可能出现的技术问题,确保施工质量和结构的密封性,从而达到预期的防辐射效果。通过这些细致的施工措施,可以确保建筑结构在满足功能性的同时,也达到了绿色施工的要求。

5.大壁厚墙体的分层交叉连续浇筑技术要点

在大壁厚墙体防辐射混凝土的施工中,采用分层和交叉的浇筑方法是至关重要的。为了实现这一目的,每层浇筑的厚度应控制在 500mm 左右,采取由内向外的顺序逐层进行。在开始浇筑大体积的混凝土之前,需要先制备一批与混凝土有相同配比的石子砂浆,用于润湿输送泵管,并均匀地铺设在待浇筑的表面上,形成一层约 20mm 厚的底层,确保这层砂浆的厚度不会超过 30mm。

在混凝土浇筑的过程中,需要实时监控模板、支架、钢筋、预埋件以及预留孔洞的状态,确保这些结构元素不会发生变形或位移。如果在浇筑过程中出现任何变形或位移,必须立即停止浇筑操作,并在防辐射混凝土开始初凝之前对其进行修整,以保证施工质量。

这样的施工方法不仅可以有效保证大壁厚墙体防辐射混凝土的结构安全和功能性,还能确保施工过程的高效性和环境的可控性,符合现代建筑施工的高标准要求。

6.大壁厚顶板的分层交叉连续浇筑技术要点

对于厚顶板混凝土的浇筑,采用"一个方向、全面分层、逐层到顶"的施工法是关键,即通过将结构划分为若干450mm厚的浇筑层,从短边开始,沿长边方向逐步进行。为保证混凝土的连续性和一致性,每一层的浇筑都应在下一层混凝土初凝前完成,确保新旧混凝土层之间没有明显的接缝。

在混凝土浇筑过程中,应用水管降温技术,利用地下水进行自然冷却循环,同时定期监测循环水的温度。为了保证混凝土层间紧密结合,振捣棒在振捣时应深入到下层混凝土至少50mm,以促进上下层混凝土紧密结合为一个整体。此外,钢筋工需定期检查钢筋的位置,确保其不发生移位。

振捣过程中应控制振捣的持续时间,避免时间过短或过长,一般控制在15~30秒,确保混凝土表面平滑、不沉落、无气泡。振捣器的插点需均匀排列,间距保持在大约500mm,同时确保振捣棒与模板间的距离不超过150mm,避免碰撞顶板钢筋、模板和预埋件。

在混凝土初凝前,进行二次抹压,以消除因混凝土干缩、沉缩及塑性收缩造成的表面裂缝,增强混凝土的内部密实度。如有龟裂或潜在裂缝出现,应在混凝土终凝前再次抹压,以消除裂纹。整个浇筑过程中,通过拉线检查混凝土标高,以确保工程质量。

7.紧急状态下施工缝的随机预留技术要点

在施工过程中,若遇到突发异常情况导致防辐射混凝土不能及时供应,为了不影响整体工程进度和质量,需要采取合理措施处理施工缝。这些措施包括:

施工缝的设置:在必须留设施工缝的情况下,应在施工缝外侧插入模板,以确保后续浇筑的混凝土能够被振捣至密实状态。

准备下次浇筑:在进行下一次浇筑前,需要将施工缝处原有混凝土的接触表面进行处理。具体方法是将该处的混凝土凿掉,对表面进行凿毛处理,以增加新旧混凝土间的粘结强度。

止水和抗渗措施:在处理好接触表面后,应铺设遇水膨胀止水条。止水条不仅能有效防止水渗透,还能在一定程度上补偿新旧混凝土间可能存在的空隙。此外,在止水条上铺设不超过30mm厚度的同配比无石子砂浆,既能保证接触面的光滑,也有助于增强防辐射混凝土接触处的强度和抗渗性能。

通过上述措施,即使在无法避免的施工中断情况下,也能确保工程的连续性和质量标准,保证防辐射功能的完整性和效果。这种做法不仅体现了施工的灵活性,还显示了对工程质量的严格控制。

三、多层大截面十字钢柱的绿色施工技术

(一)多层大截面十字钢柱概述

随着高层及超高层建筑的快速增长,劲性混凝土结构因其优异的性能而在高大、创新及特种建筑中广泛使用。在这类建筑中,劲性混凝土柱是承重关键部件,其中钢柱的制造、起吊及安装尤为关键。特别是对于多层大截面的十字形钢骨柱,其分段安装和精确调整在施工中面临较大挑战,这些工序直接关系到工程质量和施工进度。

工程施工质量的控制遵循《钢结构工程施工质量验收规范》和《钢结构焊接规范》等标准,基于这些规范和设计要求,形成了切实可行的施工工艺。超长十字钢柱的施工通过在现场分段起吊、逐层组

装,以达到预定高度。在组装过程中,需设置临时作业平台以支持施工需要,同时采用结合刚性与柔性的支撑系统确保结构的安全性与稳定性。施工过程遵循分段起吊、逐一调整并固定的程序,通过精确的焊接技术保障不同钢柱段之间连接节点的高质量,安装过程中采用先进的测量和监控技术以确保装配精度,同时妥善处理与后续工序的衔接问题。

(二)多层大截面十字钢柱绿色施工技术特点

采取在现场分段起吊和焊接组装,同时设置临时操作平台的技术,有效解决了超长十字钢骨柱的运输和就位难题。通过科学划分施工段及优化施工组织安排,相较于整体安装方式,显著提升了安全系数和质量合格率。为了精确控制超长十字钢骨柱的垂直度,施工中采用了二次调整策略:首次通过水平尺进行初步调整,第二次则在经纬仪监测下利用拉风绳进行细微调整,确保安装精度。

面对多层大截面十字钢骨柱的特殊性,首层钢柱安装时采用混凝土浇筑加固,增强钢柱与基座的一体化连接,确保充足的承载力。施工中使用抗剪键和拉风绳构成的临时支撑系统,通过在首层设置抗剪键简化支撑结构,在钢柱的顶部和中部安装拉风绳进行柔性约束,刚性与柔性相结合的支撑系统共同维护结构的稳定性和安全性。

对于十字钢骨柱连接节点的精细处理技术,通过首层焊道封闭坡口内母材与垫板的连接,随后逐层逐道累积焊接直至填满坡口,清理焊渣和飞溅物,修补任何焊接缺陷。焊接完成后进行100%的检测,以确保焊接质量,妥善处理与后续工序的衔接问题,从而确保了施工质量和工程进度。

(三)多层大截面十字钢柱绿色施工工艺流程

多层大截面十字钢柱的安装通过钢筋工、电焊工、瓦工等工种施工技术人员密切合作完成,施工过程中涉及的关键工序包括:钢柱的吊装、预埋、调整和焊接等,按照不同层数逐级累加。

（四）多层大截面十字钢柱绿色施工技术要点

1. 钢柱进场的流程

根据吊装作业的需求，钢柱分批次运入工地，每批钢柱的编号和数量需提前三天告知生产厂家。钢柱在工地上临时存放时，应根据平面布置图，在相应的楼层地面堆放区摆放，同时确保堆放区域平整，保持道路畅通无阻。若钢构件在生产过程中发现问题，需在制造厂进行修正，确认无误后方可运往施工现场。如运输过程中出现问题，生产厂需在工地设立紧急维修队伍，迅速解决问题，以免影响工期。

2. 钢柱吊装的技巧

进行多层、大截面的十字钢柱吊装作业时，需要根据其所处的楼层和高度，采取分段吊装的方式。首先完成底层的钢柱吊装，然后依次进行上层钢柱的吊装，直到所有层次的钢柱安装完毕，达到预定的高度。

3. 钢柱吊装的准备工作

在吊装开始前，需对所有吊索工具进行检查，确保其安全可靠。在钢柱的临时连接耳板上安装并固定好防风缆绳。在钢柱的两侧翼缘板上焊接 Φ16 的圆钢，作为支撑点，挂设爬梯并予以固定。检查第一节钢柱底座的位置轴线是否准确，并在柱底板上画出定位线，以指示钢柱的确切位置。同时，在柱顶用红色油漆标记出控制钢柱垂直度的参考标记，这些标记需标在一个翼缘侧和一个腹板侧，并在柱顶标出中心线，便于上层钢柱的安装定位。

4. 首层钢柱吊装的技术要点

落实各项准备工作，钢柱吊装机械利用现场的塔吊，吊装采用单机起吊，起吊前在钢柱柱脚位置垫好木板，以免钢柱在起吊过程中将柱损坏。钢柱起吊时吊车应边起钩、边转臂，使钢柱垂直离地。

5. 高层钢柱吊装的关键技术

在吊装首层以上的钢柱时，须在其柱顶预先画出中心标记线，以确保上一层钢柱能准确就位。同时,在钢柱上安装接合耳板,实现上下柱的临时连接。吊装方法与首层相同,钢柱就位时,使用临时连接板对齐并通过安装螺栓固定,确保精准安装。

6.钢柱垂直度的控制方法

在各首吊节间对钢柱的垂直度进行精确控制,要求在焊接完成后对最终结果进行测量,焊接前可以使用长水平尺初步校正垂直度。待框架结构形成后,进行细致的垂直度调整,最后复测以确保准确度,作为后续工作的基础。

7.钢柱标高控制的技术细节

进行高程基准点的确定及传递时,采用钢尺进行垂直传递,通过预留孔洞进行上层测量。每一层的高程传递都需要进行联合测量,保证相对误差小于2mm。在确定柱顶标高时,需测定各层柱底至少500mm的标线以及梁至少100mm的标线,从柱顶向下测量,通过控制柱底标高进而精确控制柱顶和梁的标高。

(五)多层大截面十字钢柱绿色施工技术的质量控制

多层大截面十字钢柱的安装基于以下文件:钢结构设计图纸、施工说明书、《钢结构工程施工质量验收规范》及《建筑钢结构焊接技术规程》等。为保证安装质量,质量控制点涵盖:构件加工质量、构件安装前质量检查、现场安装质量、测量质量及焊接质量。

施工准备阶段,要求所有进场施工人员接受专业培训,技术人员需持证上岗。构件运至现场后,应进行外观和尺寸检查,特别注意构件的型号、编号、长度及螺栓孔等。

现场吊装质量控制中,需严格遵守安装施工方案和技术要求,确保构件编号和方向的准确性,严格管理施工工序,确保前后工序的衔接。钢结构安装的质量焦点包括:构件的垂直度、标高和位置偏差,通过全程使用测量仪器进行监控。在吊装前应进行试吊,严格检查吊装站位及进行技术交底,特别强调吊装过程中设备稳定性的控制,并在大风等不利环境下避免吊装作业。

测量监控的质量控制措施包括定期校准使用的测量仪器和钢尺,确保与基础施工及构件加工使用的钢尺一致,安装柱前在地面明确标出标志,便于后续的垂直度及标高测量工作。

在施工现场进行焊接时,对质量控制的要求包括焊前的各项检查,如接头的坡口角度、钝边、间隙和错口量都必须满足标准。此外,坡口区域及其周围 100mm 范围的母材需要进行清洁和预热处理,以去除锈迹、油污和其他杂质。焊接前还需确保垫板或引弧板的表面清洁且紧密贴合母材,且在焊接过程中避免在非焊接区域引弧。焊接开始时,首层焊缝需覆盖坡口内部和垫板的连接点,随后按层叠加焊接,每完成一道焊缝后都要清理焊渣和飞溅物,并对出现的焊接缺陷进行及时处理。焊接工作应连续完成,如必须停焊,则需根据规定重新预热。特殊环境条件下,如雨天或风速过大,应暂停焊接,并根据板厚度和天气情况采取相应的预热措施。焊接完成后,需进行外观检查和超声波检测以确保焊缝质量。

焊接施工前应进行工艺试验,包括针对 H 形接头和相应材质、板厚的焊接试验,确保焊接材料和设备符合国家标准及设计要求。如在正式焊接中发现定位焊裂纹,应立即处理,避免潜在风险。焊条的选择和使用应严格按照设计批准的焊接工艺规定,特别是低氢焊条,需要在密封容器中保存或在使用前进行适当的干燥处理,以保证焊接质量。

(六)多层大截面十字钢柱绿色施工技术的环境保护措施

为了提升环境保护和文明施工的水平,建设和优化管理体系是必要的。这涉及设定环境保护的标准与措施,并清晰界定各岗位人员在环保方面的责任。此外,对所有参与工程的人员进行环保知识的交流和培训,同时建立相关的环保和文明施工记录是很重要的。通过成立专门的文明施工管理团队,对砌体工程全程实施卫生管理,以此确保施工环境的文明和清洁。

项目需要遵循国家及地方出台的环境保护相关法律法规,积极实践"三同时"制度,即在项目设计、建设、使用过程中同步考虑环保措施。定期清理施工废弃物,并与环卫部门合作,确保施工废料的规范处理。在施工机械选择上,优先考虑那些噪音较小、配备消音设备的环保型机械。

针对建筑施工噪声污染,施工现场应依照《建筑施工场界环境噪声排放标准》,采取有效降噪措施,比如合理安排噪声较大作业的时间,并尽量避免连续昼夜作业。禁止在施工区内大声喧哗和敲打金属物品,提高工作人员对防止噪声干扰的意识。对于噪声超标的施工活动,应限制其作业时间在早上 7 时至中午 12 时和下午 2 时至晚上 10 时之间,同时,对光污染的控制也应严格执行,以减少对周围环境的影响。

四、预应力钢结构的绿色施工技术

(一)预应力钢结构特点

建筑钢结构因其高强度、优异的抗震能力、快速的建设周期和高技术含量,成为节能减排的理想选择,尤其适用于高层及超高层建筑。相比传统钢结构,大截面和大吨位的预应力钢结构展现出更佳的承载性能,能够满足更大空间跨度和结构侧向位移的高级技术需求。

在制造预应力钢构件的过程中,采取参数化裁剪、精确定位、组装和封闭等方法,以实现预应力承重构件的精细化生产。对于大悬臂区域的钢桁架进行绿色施工时,采用了逆序施工法,即根据实际情况先完成屋面大桁架的建设,然后再进行桁架下悬挂的梁柱施工;首先浇筑非悬臂区的楼板和屋面,待预应力桁架张拉完毕后,再进行悬臂区楼板的浇筑,这样做既优化了整体施工顺序,也实现了局部逆序施工的最佳搭配。通过对张拉节点进行深入设计和施工模拟监控,精确控制整体张拉结构的位移,并利用辅助施工平台按阶段有序地进行张拉,确保预应力锁定安装的质量达标。

(二)预应力钢结构绿色施工要求

预应力钢结构施工的工序复杂,关键在于采用模块化的不间断施工策略,其中包括单个拼装桁架的整体吊装、十字形钢柱和预应力钢桁架梁的精细化生产模块,以及大悬臂区域和其他区域的整体吊装与连接固定模块。此外,对预应力索张拉力的精确施加也是确保连续高质量施工的关键环节。在大悬臂区域的施工中,采用的是一种特殊的局部逆作法,即先建造屋顶的大桁架,随后安装悬挂的梁柱,先浇筑非悬臂区的楼板和屋面,预应力张拉完成后再浇筑悬臂区的楼板。这种施工方法的优势在于能够充分利用工期间隙,加速施工进度。

针对十字形钢骨架及预应力箱梁钢桁架,通过参数化精准下料和采用组立机的整体机械化生产,实现了局部大截面预应力构件在箱梁钢桁架内部的永久性支撑和封装。预应力结构的翼缘和腹板尺寸偏差控制在 2mm 以内,确保了构件的精确度和质量。此外,通过对桁架预应力转换节点的优化设计,形成了一个既便捷又能有效减少预应力损失的节点转换系统,进一步提高了施工效率和构件的稳定性。

采用一台履带式起重机来吊装一个 22.2m 跨度、重达 103t 的单跨大截面预应力钢架,将其安装至 33.3m 的指定高度。为了确保钢桁架的侧向稳定性,施工团队精确控制了钢柱的位置,并在柱顶下方 600mm 处,使用 300 号工字钢作为临时连结梁,将其连接成一个刚性结构。当第一根钢桁架就位后,利用两根 60mm 的松紧螺栓进行侧向的稳定和定位控制。随后,第二根钢桁架就位,通过将两根桁架间的连结梁焊接,形成一个稳固的刚性体。吊装的稳定性通过精确控制吊架的位置、吊点和吊装空间的角度来实现。

在拉索张拉施工的过程中,采用了控制钢绞线内力和结构变形的双重控制工艺,特别是对张拉点处的钢绞线力进行严格控制。桁架内侧的上弦端钢绞线可直接在桁架上进行张拉,而桁架内侧下弦端的张拉则通过搭设一个 $2\times2\times3.5m$ 的方形脚手架平台来辅助完成。张拉过程分为两个阶段进行,第一阶段完成目标索力的 50%,第二阶段将预应力张拉至最终的目标索力,以确保整个结构的稳定性和安全性。

(三)预应力钢结构绿色施工工艺流程

采用模块化施工工艺安排的预应力钢结构施工任务由不同班组相协调配合完成,以四组预应力钢架为一组流水作业,通过一系列质量控制点的设置及控制措施的采取,解决了预应力承载构件制作精度低、现场交叉工序协调性差、预应力索的张拉力难以控制等技术难题。

(四)预应力钢结构绿色施工技术要点

1. 预应力构件精细化制作技术要点

(1)十字形钢骨柱精细化制作技术要点

在根据设计图纸和现场吊装平面布置图分析钢柱长度时,需合理考虑各预应力梁经过十字形钢柱的具体位置。材料入库之前,应仔细核对质量证明书或检验报告,同时检查钢材的表面质量、厚度及局部平面度。仅当现场有见证的抽样检查合格后,才能投入使用。十字形钢构件的组立工作通过型钢组立机进行,组立前必须依据图纸确认组装构件的腹板和翼缘板的长度、宽度、厚度等无误,然后方可开始组装作业。精细制作的尺寸精度要求包括腹板与翼缘板垂直度误差不超过 $2mm$,腹板对翼缘板中心偏移不超过 $2mm$,腹板与翼缘板点焊距离为 $400mm\pm30mm$,点焊焊缝高度不超过 $5mm$,长度为 $40\sim50mm$,以及 H 型钢截面高度偏差为 $\pm3mm$。

连接板上的孔通过数控钻床加工,采用统一的孔模进行定位套钻以保证孔径的统一。钢梁上钻孔时,需先固定孔模,再核准相邻两孔间的间距及一组孔的最大对角线,确认无误后方可进行钻孔作业。切割加工工艺要求包括切割前的母材清理、切割前在下料口画线、切割后去除熔渣并按图编号各构件。组装过程中,定位用的焊接材料应与母材匹配,严格按照焊接工艺选用。组装完毕后,进行自检和互检,测量并填写测量表,确保准确无误后提交给专业检验人员验收。装焊结束后的各部件应明确标出中心线、水平线、分段对合线等。

(2)预应力钢骨架及索具的精细化制作技术要点

大跨度和大吨位的预应力箱型钢骨架构件采用单元模块化技术整体制作,并在结构内部封装以施加局部预应力。其关键生产流程涵盖精确的下料预拼、腹板及隔板坡口的细致制作、胎架的制作、高品质的焊接及检验、表面处理及预处理技术,以及全程的监控、检查和不合格品的管理。在下料过程中,利用数控技术进行精密切割,对接坡口使用半自动精密切割设备,并在切割后进行二次矫平处理。腹板的两长边通过刨边加工,隔板和工艺隔板的组装加工在组装前需对四边进行铣边处理,作为大跨箱形构件的内胎定位基准。在箱形构件组装机上,根据 T 形盖部分的结构定位,组装横隔板,要求组装两侧 T 形腹板部分与横隔板和工艺隔板紧密定位组装。

在制作无黏结预应力筋的钢绞线时,需确保其性能符合国家标准《预应力混凝土用钢绞线》的要求。使用的钢绞线中不应有死弯,若发现必须切除;每根钢丝应贯穿全长且禁止有接头。钢绞线若有死弯,也必须切断。无黏结预应力筋的外表面需进行专用防腐油脂涂料或外包层处理。选用的锚具、夹具及连接器的性能必须符合现行国家标准《预应力筋用锚具、夹具和连接器》的要求,在预应力筋的强度等级确定后,预应力筋一锚具组装件的静载锚固性能试验结果应同时满足锚具效率系数不小于 0.95 和预应力筋总应变不小于 2.0% 的标准。

2. 主要预应力构件安装操作要点

(1)十字钢骨架吊装及安装要点

在施工中,为了确保钢骨柱顺利吊装至其在柱主筋内的设计位置,必须保持柱脚在空中时高于主筋一定距离。吊装过程应分段执行,并且要保证使用履带式起重机的过程中整体稳定性。如果钢骨柱吊装至柱主筋内部时操作空间有限,为了便于施工人员的安装操作,可以考虑将柱两侧的部分主筋向外调整。当上下两节钢骨柱通过四个方向的连接耳板螺栓固定之后,可松开塔吊钩。随后焊接定位板于柱身,并利用千斤顶调整柱身的垂直度,垂直度的调整通过两台垂直方向的经纬仪来控制。

安装十字形钢骨柱时,首先需在埋件上标出钢骨柱的定位轴线,根据地面轴线将钢骨柱安置到位。通过在纵横轴线上架设经纬仪,校正柱的两个方向垂直度,并用水平仪调整至理论标高。从钢柱顶部向下标出同一测量基准线,使用水平仪进行测量,并通过微调螺母调整至水平状态,再用两台经纬仪在互相垂直的方向同时测量垂直度。测量与对角线紧固同步执行,达到规范要求后将上垫片与底板焊接牢固,记录钢柱高度偏差,并在高度偏差不符合规范时立即调整。

关于十字钢骨架的焊接,应从中心框架向四周扩展焊接,先焊收缩量大的焊缝,再焊收缩量小的焊缝,并对称施焊。同一根梁的两端不应同时焊接,而是先焊接一端,待其冷却后再焊接另一端。钢柱间的坡口焊连接为刚性连接,上下翼缘采用坡口电焊连接,腹板则用高强螺栓连接。柱与柱之间的接头焊接应在该层梁与柱连接完毕后进行,焊接时由两名焊工在相对称位置以相等速度同时进行。H型钢柱节点先焊翼缘焊缝后焊腹板焊缝;翼缘板焊接时,两名焊工应对称、反向焊接,焊接完成后将连接耳板切除并打磨平整。

安装临时螺栓时,十字形钢柱就位后先使用临时螺栓固定,临时螺栓数量至少为接头螺栓总数的 1/3,并且每个接头不少于 2 个,冲钉数量不超过临时螺栓的 30%。组装时,先使用冲钉对准孔位,在适当位置插入临时螺栓并拧紧。安装高强螺栓时,应确保螺栓自由穿入孔内,方向一致,并在拧紧高强螺栓后卸下临时螺栓。高强螺栓的紧固分为初拧和终拧两次进行,终拧时需将扭剪型高强螺栓的梅花卡头拧掉。

(2)预应力钢桁架梁吊装及安装技术要点

钢梁到场后,由质量检验技术人员进行尺寸检测,并对任何变形的部分进行修复。在吊装钢梁时,采用搭配铁扁担的两绳四点吊装方法,吊装过程中在两端系上控制用的长绳。钢梁吊起时要缓慢操作,当吊至距离地面 200mm 时暂停,以检查吊索和塔机的工作状态,确认一切正常后再继续吊装。钢梁接近基本位置时,两侧工作人员协助靠近并安装,钢桁架梁就位前,必须先在钢桁架梁与钢柱连接部位打入定位销,每端至少两根,然后再执行高强螺栓的安装。高强螺栓安装时必须确保方向一致,并且不能慢慢行穿入,应从中心向两侧和上下进行初拧,撤出定位销后,再进行高强螺栓的全部初拧和终拧工作。

在高强螺栓终拧完成后,进行钢桁架梁翼缘板的焊接,并在钢梁与钢柱的焊接部位采用 6mm 厚的钢板作为衬垫,使用气体保护焊或电弧焊进行焊接。大悬臂区域的施工顺序是先施工屋面的大桁架,再施工悬挂部分的梁柱,楼板方面则先浇筑非悬臂区的楼板和屋面,预应力张拉完成屋面桁架后再浇筑悬臂区的楼板。对于五层的跨度较大且重量较重的钢梁,会进行分段制作,整榀钢梁的重量大约在 7~11.6t 之间,使用两台 3t 的卷扬机,通过滑轮组进行整体吊装。

(3)预应力桁架张拉技术要点

无黏结预应力钢绞线的包装和搬运应采取适当措施以避免在常规搬运过程中受损。理想情况下,应以盘装形式进行运输,且在装卸过程中使用外包裹有橡胶或尼龙带的吊索,确保轻装轻卸,严禁摔掷或拖拉。对于整盘的无黏结预应力钢绞线的吊装和装卸,需采用不会导致破损的方式进行。

下料长度的计算应基于设计图纸,并考虑孔道长度、锚具厚度、张拉伸长量、张拉端工作长度等因素,以确保无黏结钢绞线的准确下料长度。无黏结预应力钢绞线的切割应采用砂轮切割机进行。

在进行拉索张拉之前,主体钢结构应完全安装到位并整合为一个单一的整体,这一步骤是为了检查支座约束情况及直接与拉索相连的中间节点的转向器和张拉端部的垫板。这些部件的空间坐标精度需要严格控制,张拉端的垫板应保持与索轴线垂直,以避免影响拉索施工和结构受力。

关于拉索的安装、调整和预紧,要确保拉索制作长度有足够的工作长度。对于单端张拉的钢绞线束,穿索应从固定端向张拉端进行,而双端张拉的钢绞线束,则应从一端向另一端进行穿束,且同束钢绞线应依次穿入。穿索后,应立即进行钢绞线的预紧和临时锚固。

在拉索张拉前,应搭建安全可靠的操作平台和挂篮等,为工人提供方便的操作条件。确保有足够的操作人员,并且所有人员在正式工作前接受技术培训和安全交底。拉索张拉设备在正式使用前需经过检验、校核和调试,以确保安全无误。拉索张拉设备,包括千斤顶和油压表,应每半年进行一次配套标定,并在有资质的试验单位进行,根据标定记录和施工张拉力计算出相应的油压表值,现场按油压表读数精确控制张拉力。

在进行索张拉前,应严格检查临时通道及安全保护设施是否完备,以确保操作人员安全。同时,应清理现场并禁止无关人员进入,保障施工人员安全。在所有准备工作完成,并经过系统全面检查确认无误后,由现场安装总指挥发出命令,方可开始预应力索张拉作业。

第三节　装饰工程的绿色施工综合技术

一、室内顶墙一体化呼吸式铝塑板饰面的绿色施工技术

(一)呼吸式铝塑板饰面构造

室内顶墙一体化呼吸式铝塑板饰面结合了国际先进设计理念与高标准的质量规范,有效解决了传统铝塑板在美观性、耐久性及施工难度方面的问题。这种新型饰面材料不仅改善了铝塑板饰面可能呈现的单调外观和易于随时间累积变形的问题,还针对特殊构造的技术处理难题提出了创新性解决方案。更为突出的是,该铝塑板饰面被创造性地设计为具有通风换气功能,通过安装在墙面及吊顶的大截面、带凹槽的龙骨结构,这些龙骨经过特殊工艺处理,配合德国进口的参数化设计铝塑板,板材上设计有小口径的通气孔,通过特殊的边缘坡口构造与龙骨连接。利用特殊的 U 形装置进行调节,结合起拱等特殊工艺,实现了对风口、消防管道、灯槽等特殊构造处的精细化处理,确保在中央空调系统的辅助下,室内空气得以有效交换和通风,既美观又实用,提升了室内环境的舒适度和健康标准。

(二)呼吸式铝塑板饰面绿色施工技术特点

通过吸纳国际先进的制作和安装技艺,针对带有通气孔的大板块铝塑板,引入了嵌入式密拼技术。这一技术通过板块的坡口结构与型钢龙骨实现无间隙连接,既促进了室内空气交换,又实现了板块间的紧密拼接。与传统的"S"形接缝方法相比,密拼缝隙被精确控制在 1~2mm 之间,提升了安装精度超过 50%。通过分块装配、逐个调整固定以及安装具有调节裕度的特殊 U 形装置,有效消除了累积变形,确保了结构荷载的传递和稳定性。

结合大、中、小三种规格龙骨的空间排列,采用非平行间隔的装配顺序,并根据铝塑装饰板的规格拉缝间隙进行分块弹线。从中间沿着中龙骨方向开始,先安装一排作为基准的罩面板,然后两侧同步

分行安装,控制自攻螺钉的间距在 200～300mm。对于砖砌体墙柱,在顶棚标高位置沿墙和柱四周,预留 900～1200mm 设置预埋防腐木砖,至少埋设两块以上。

此外,采用局部构造的精细化处理技术,对灯槽、通风口、消防管道等特殊结构进行不同起拱度的控制和调整,试装及鉴定后再执行分块和固定方法。通过采用双"回"字形板块对接压嵌橡胶密封条工艺,不仅保证了密封条的压实和固定,而且根据龙骨的内部构造,形成完整的密封水流通道以排除室内水蒸气产生的液态水,相比传统的注入中性硅酮密封胶方式,这种方法在质量保障上具有更为显著的优势。

(三)呼吸式铝塑板饰面绿色施工的工艺流程

室内顶墙一体化呼吸式铝塑板饰面采用的绿色施工工艺流程,旨在通过一系列精细化的施工步骤实现环保、高效且具有良好通风性的室内装饰效果。该工艺流程主要分为以下几个关键施工环节:

1.大、中、小龙骨的安装

根据设计要求,准确布置并安装不同规格的龙骨系统。龙骨安装是后续工序的基础,需要严格控制位置和水平,确保整个龙骨框架的稳定性和精确性。

2.铝塑装饰板的安装与调整

在龙骨系统安装完成后,根据设计图纸和施工要求,安装铝塑装饰板。这一步骤要注意板材之间的密拼缝隙控制在 1～2mm 范围内,通过特殊设计的边缘坡口结构和调节装置进行精确调整,以达到最佳的视觉和功能效果。

3.特殊构造的处理

针对室内如灯槽、通风口、消防管道等特殊构造部位,采用定制化的处理方法。这包括对铝塑板进行特殊剪裁和起拱处理,确保这些特殊部位的装饰板既能完美贴合,又不影响其功能性。

4.细节调整与检查

在铝塑板安装完成后,进行整体的调整和细节检查,确保所有板材安装平整、无明显缝隙,并且与周围结构紧密相连。对于接缝、转角等部位进行仔细处理,确保美观同时也符合安全标准。

5.通风系统的集成

最后,确保铝塑板背后的通风系统与室内空调系统相连通,通过铝塑板上的小口径通气孔实现室内空气的交换和循环,增强整个系统的呼吸功能。

这套绿色施工工艺不仅提升了室内装饰的质量和美观度,还通过创新的设计理念和施工方法,赋予了建筑材料更多的环保和功能性,实现了室内装饰与室内环境质量的双重提升。

(四)呼吸式铝塑板饰面绿色施工的技术要点

1.施工前准备

参照德国标准,根据设计要求细化出所需材料的规格和各类配件的数量进行参数化设计及制作是确保工程质量的关键一步。这一过程不仅包括材料和配件的精确选择,还涉及对室内主体结构尺寸的复测及墙面垂直度、平整度的偏差检查,以确保施工的精准性和高效性。

进行详细核查施工图纸与现场实际尺寸的对比是必不可少的环节,特别是需要精确安装的设备部位,如灯槽、消防管道、通风管道等,确保其设计和加工的完美匹配,从而避免因尺寸不匹配导致的工程变更,增加成本和延误工期。

此外,与结构图纸及其他专业图纸的核对不应被忽视。这一步骤可以及时发现潜在的问题,并采取有效措施进行修正,保证施工过程中的各个环节都能精确对接,避免后续出现重大的结构或功能性问题。

总的来说,通过参考德国标准进行细致的参数设计和材料制作,结合严格的尺寸复测和图纸核对,可以显著提高室内装修工程的质量和效率,确保最终完成的工程既符合设计要求,又满足使用功能需要,同时减少工程变更的可能性,确保项目的顺利实施。

2.作业条件分析的技术要点

为了避免施工材料在进场时受损,现场需专设库房,并对内墙、屋顶及设备的安装进行质量检查,确保其符合铝塑板装修施工及高空作业安全的标准。接着,通过运输设备将铝塑板和配件送至施工各层,并进行合理的作业区域规划。依照建筑各层的高度线,使用标尺从墙面和柱子四周垂直量度至设计的顶棚高度,进而在墙面上标记出顶棚高度线和分隔线,为施工提前做好标线准备。在构造施工中,根据设计规定在现浇或预制混凝土楼板缝隙中预置直径为6~10mm 的钢筋吊杆,若无具体设计要求,则根据大龙骨布局预置,预置间距应为 900~1200mm。对于砖结构的吊顶房间,应在顶棚高度周围的墙面和柱子预埋防腐木砖,每隔 900~1200mm 至少预埋两块木砖。在顶棚内部的管道及通风系统安装完毕后,确定灯具、通风口和各类开口位置,以确保施工的顺利进行。

3.大、中、小型钢龙骨及特殊 U 形构件安装的技术要点

在进行龙骨安装之前,应利用经纬仪对横梁和竖框进行全面检查,并对发现的误差进行及时调整。通常,龙骨安装的先后顺序是首先安装竖框,随后安装横梁,并且这一工作应该自下而上分层逐步进行。

(1)大龙骨吊杆的安装要求:

在完成顶棚水平线及龙骨位置线的标示之后,确定吊杆下端的准确标高位置。根据大龙骨的具体位置及挂载距离,将吊杆的非螺纹端与楼板中的预埋钢筋固定连接。在安装大龙骨时,须先在大龙骨上预装吊挂件,并确保吊杆螺母已就位,然后将配有吊挂件的大龙骨定位至指定的分档线上,通过吊挂件插入相应吊杆的螺母并拧紧。在大龙骨连接过程中,应装上连接件,并通过拉线调整大龙骨的标高、起拱度和直线度。对于附加的大龙骨安装洞口,需按图集要求配置连接卡。边缘龙骨固定采用射钉方式,射钉间距建议为 1000mm。

(2)中龙骨的安装：

在标示好的中龙骨分挡线上，安装中龙骨吊挂件，并根据设计规定的间距将中龙骨通过吊挂件挂载于大龙骨上，建议的间距为500～600mm。当中龙骨需要延长接入时，应使用中龙骨连接件，并在吊挂过程中进行直线调整并固定。

(3)小龙骨的安装：

按照小龙骨分档线的标示，装置小龙骨吊挂件，并按照设计规定的间距将小龙骨挂在中龙骨上，间距控制在400～600mm。对于需要延长的小龙骨，使用小龙骨连接件，安装时需确保端头连接并调整直线后固定。使用"T"形龙骨时，每装一块罩面板，应分别安装一根小龙骨卡挡。

在竖向龙骨的安装过程中，必须不断检查竖框的中心线，确保竖框安装的各项偏差控制在允许范围内。竖框与结构连接件之间使用不锈钢螺栓连接，并在接触部位加垫绝缘片以防电解腐蚀。横梁与竖框之间通过角码连接，横梁的安装也应自下而上依次进行，确保横梁间的标高偏差符合要求。

4.铝塑装饰板安装操作要点

进口带有微孔的铝塑板在工厂通过参数化技术加工成型后，表面覆以塑料薄膜保护，随后运至施工现场进行安装。在轻钢骨架安装完毕并通过验收后，依据铝塑板的具体规格和预设的拉缝间距，进行现场的分块弹线作业。安装工作从顶棚中央沿中龙骨方向出发，首先安装一排铝塑板作为安装基准，接着向两侧逐行展开安装工作。安装中使用的自攻螺钉固定间距定为200～300mm。与此同时，铝合金的副框架料需先与铝塑板组装，形成半成品板块。

在铝塑板进行折弯加工后，通过钢制的副框架进行固定成型，副框架与板材的折边部分使用抽芯铆钉紧固连接，铆钉间距约200mm。板材的正面与副框架的接触面需进行黏合处理。角铝的固定布局应按板块的分格尺寸进行排列,使用拉铆钉与铝板折边部分固定,保持间距在300mm以内。根据设计要求,板块中可以设置加强肋,通过螺栓与板材连接。如果使用电弧焊进行螺栓固定,必须确保铝板表面不会因高温而变形或褪色,并保证连接的牢固性。最后,使用螺钉和铝合金压块将这些半成品标准板块固定到龙骨框架上。

5. 特殊构造处处理的操作要点

在处理铝塑板结构的边角收口部分和转角部位时,需要特别注意室内湿气和积水问题。在顶部和墙体转角处,安装一条直角铝板,这条铝板可以直接通过螺栓与外墙板连接,或者与角位的立梃进行固定。在不同材料的交接部位,如横梁或竖框处,首先应确保骨架的稳固,然后使用定型收口板通过螺栓与其连接,并在收口板与上下板材的交接处进行密封处理。

室内内墙的边缘部位,应使用金属板或形板封覆幕墙端部及龙骨部位,而墙面下端的收口则采用特制的挡水板进行封闭,以覆盖板与墙之间的缝隙。铝塑板密拼节点的妥善处理直接影响到装饰面的整体稳定性、密拼宽度以及累积变形的控制。

对于安装在屋顶的消防管道、中央空调管道以及灯槽等构造,应在构件周围对称设置吊杆并局部加固,以确保铝塑板饰面与这些构造之间有足够的空间。在设计阶段,对局部高度进行调整,并确保连接与过渡的处理得当,这样可以保障室内装饰的整体美观和功能性。

6. 橡胶填充条的嵌压与调整

与传统依靠密封胶进行板块密封的方式不同,室内顶墙一体化呼吸式铝塑装饰板的拼缝处理主要采用橡胶条来实现填充密封。对于拼接的标准板块,其四周采用"回"字形结构,填充橡胶密封材料并进行压实,同时仔细处理填充材料的接头部分,确保内部"回"字形通道畅通无阻。此外,还需对标准铝塑板块的外表面进行清理,并采取相应的保护措施,以维护板块表面的清洁与完整。

7.成品保护的操作要点

在安装轻钢骨架和铝塑面板时,必须注意保护顶棚内的各种管线,确保轻钢骨架的吊杆和龙骨不得直接固定在通风管道或其他设备上。轻钢骨架、铝塑板以及其他吊顶材料从入场存放到使用过程中,都需要进行严格的管理,防止材料发生变形、受潮或生锈。

对于顶棚部位已安装的门窗,以及已完成施工的地面、墙面和窗台等,应特别注意保护,避免污染和损坏。安装好的轻钢骨架严禁踩踏,也不应将其他工种的吊挂件悬挂在轻钢骨架上。铝塑装饰板的安装工作必须在顶棚内管道、试水、保温等所有工序经过验收后才能进行,以确保成品的完整性和装饰效果。

(五)呼吸式铝塑板饰面绿色施工的质量控制

1.保证铝塑板基本功能的控制措施

吊顶不平主要是因为大龙骨安装时对吊杆的调平工作不够细致,导致各吊点的高度不统一。施工过程中应仔细检查每个吊点的固定程度,并用连线方法检验高度和平整度是否达到设计及施工规范的要求。轻钢骨架在局部节点如留洞、灯具口、通风口等处构造不合理,应根据特定节点的要求正确设置龙骨和连接件,确保结构满足图纸和设计规定。轻钢骨架吊固不牢通常是由于顶棚的轻钢骨架没有牢固吊挂在主体结构上,应紧固吊杆螺母来控制并固定设计的标高,避免将管线或设备直接吊挂在轻钢骨架上。

面板间的不直接缝隙由施工时未充分注意板块规格和拉线校正导致。在安装和固定时,要确保板块平整并对齐。而压缝条和压边条的不严密、不平直问题,需要在施工时通过拉线校正,确保安装后的紧密和平直,以提高整体质量。

2.铝塑板密拼技术质量控制的实施

施工前需对所选用的单层铝塑板及型材进行严格检查,确保其符合施工要求,包括规格的完整性、表面是否平滑无损、无弯曲变形,并保证规格型号一致性和色彩统一性。对于单层铝塑板的支撑骨架,必须进行防锈处理。若铝塑板或型材需与未经处理的混凝土接触,建议涂覆一层沥青玛蹄脂以起到隔音和防潮作用,同时使用浸涂有阻燃药剂且经过防腐处理的木隔条进行连接。连接件与骨架的设置应严格按照单层铝板的规格尺寸,以减少现场切割材料的需要。鉴于单层铝塑板材的线膨胀系数较大,在施工时必须预留充足的排缝,特别是在墙脚处的铝塑型材应与板块、地面或水泥抹面恰当交接。施工完成的墙体表面应保证平整无缺陷,连接牢固可靠,避免出现翘起或卷边等质量问题。

3.铝塑板表观质量的控制措施

铝塑板表面不平整和接触不均匀的质量问题主要表现在板面出现变形,导致不平整部分形成,以及相邻板面在接缝处的高度差异和接缝宽度不统一。这些问题的根源在于铝塑板在生产、运输、存放过程中可能发生的变形,以及连接件安装不平、固定不稳导致的铝板位移。为了有效控制这些质量问题,必须在安装前对铝板进行严格的质量检查,一旦发现有变形的板块应立即报告并处理;同时,在放置连接件时采用通线定位的方法,确保安装过程中连接件能够牢固地固定,从而保证最终装配的平整度和稳定性。

4.呼吸式铝塑板饰面绿色施工的环境保护措施

在施工区域内,所有的材料、成品、板块和零件需根据相关的储存和运输规定进行分类堆放,确保堆放整齐并且标识明确。施工现场的材料堆放应依照施工平面图的要求进行,确保材料的运输和进出场时整齐并且捆绑牢固,防止散碎材料散落,并在门口指派专人负责清扫。建筑废弃物应堆放至指定位置,并确保每日完工后清理现场;清运建筑垃圾时,应使用封闭式容器。

为减少对周边环境的影响,夜间照明应调整光线照射范围至施工现场内部,避免光源对其他区域的干扰。选择噪音低、振动小、公害少的施工机械和方法,以降低对环境的干扰。

施工区内的所有设备应排列有序,保持明亮干净,并确保设备运行正常,标识清晰。指派专人负责材料的保管和场地的清洁,保持施工区域的整洁。建立材料管理制度,严格遵守公司规定和 ISO9001 认证的文件程序,确保账目清晰、管理严格。

项目管理人员需对其负责区域内的废弃物、洞口和临边安全设施等进行日常监督和管理,落实文明施工责任制。通过开展"比安全、比质量、比进度、比标准化、比环保"的"五比"竞赛活动,并定期进行评比表彰,以促进施工队伍的管理水平。施工区应设立保卫专责人员,建立严格的门卫制度,力争打造一个安全文明的施工现场。

二、门垛构造改进调整及直接涂层墙面的绿色施工技术

(一)直接涂层墙面的特点

建筑结构设计不足和无法满足室内装修特殊需求常导致对门垛尺寸及结构进行调整,但传统门垛改造方法不仅耗时耗力,还容易引起环境污染,并经常导致墙面开裂等质量问题,这些问题严重影响墙体的外观质量和耐用性。为此,采用适用于门垛结构调整及墙面直接涂层的施工工艺显得尤为重要,其核心在于门垛改造的局部组砌及墙面的绿色及机械化处理,有效解决了传统门垛改造中砂浆粉刷费时、费力且难以保障工程质量的问题。

对于加气块砌体墙面,实施免粉刷施工工艺要求在砌筑时就提升墙面质量标准,砌筑完成后间隔两个月,使用专用泥浆分两次直接批刮于墙体,经过数日保养后,只需再次涂抹一层普通泥浆即可进行乳胶漆饰面施工。这种绿色施工技术通过免粉刷技术替代了传统的水泥砂浆粉刷层,对墙体材料的配置、保管及使用提出了特殊要求,但同时也确保了墙面涂层的优良观感和环境适应性。

(二)直接涂层墙面的绿色施工技术特点

通过精确测量并放线的门垛口拆除技术,对于特定的不规则缺

口进行预埋拉结钢筋并采用可调整的加气砖砌体组砌,确保缝隙和连接处填充紧密,完成门垛墙体的构建。使用专用泥浆基混合料作为底层和面层,配合双层泥浆基混合料的施工方法,可替代传统砂浆粉刷。利用自主研发的自动加料简易刷墙机,一次性完成面层墙面的机械化施工,达成高效、环保的施工目标。

门垛拆除后对马牙槎结构进行局部调整和拉结筋预埋,保障新旧墙面的整体性。门垛处的新型墙面结构包括砌体基层、局部碱性纤维网格布、底层泥浆基混合料、整体碱性纤维网格布、面层泥浆基混合料及最终的饰面涂料,采用两层泥浆基混合胶凝材料作为施工的主要步骤,同时注重基层处理和压实耐碱玻璃纤维网格布。

该专用泥浆基混合料和简化施工工艺能够满足绿色施工的多项标准,包括降低粉尘、节约用地、水、能源和材料,显著降低施工成本。自动加料简易刷墙机配备基本构件,如底座、料箱、带有滑道的支撑杆、粉刷装置、手柄、电泵等,实现自动加料,节省时间和劳力。通过手动操作粉刷手柄使滚轴在滑道内上下移动,实现灵活的粉刷,确保墙面受力均匀,平滑光洁。

(三)直接涂层墙面的绿色施工技术要点

1.门垛构造砖砌体的组砌技术要点

砖砌体施工时,应采用上下两层砖错缝搭砌,搭砌长度通常为砖块的一半,最小不应少于砖长的三分之一。转角部位的砖块应相互咬合搭接。若砖块大小不合适,可以锯切至所需尺寸,但切割后的尺寸不得小于砖长的三分之一。灰缝应保持横平竖直,水平灰缝推荐厚度为 15mm,竖缝推荐宽度为 20mm。砌块端头与墙柱的接缝处需涂刮 5mm 厚的砂浆以实现黏结,并确保挤压密实。灰缝中的砂浆应填充充实,水平与垂直缝的饱满度均应达到 80% 以上。

尽量减少使用镶嵌砖块,如必须使用时,应采用整砖铺设,铺浆长度不得超过 1500mm。墙体转角与接合部应同步砌筑,如需留置临时断点,则应构造斜槎,且斜槎长度不得超过一步架。墙体中的拉结筋应使用型号为 2Φ6 的钢筋,两根钢筋间的距离为 100mm,钢筋伸入墙体的长度不得小于墙长的五分之一且不少于 700mm。墙体砌至接近梁或板底时,应留 30～50mm 的空隙,至少 7 天后使用防腐木楔填紧,间距为 600mm,并顺墙长方向楔紧,用细石混凝土或 1∶3 水泥砂浆灌注密实。门窗洞口上方无梁处应设置预制过梁,其宽度与相应墙宽相同。砌筑过程中应一层一层地进行校正,每砌一层砖后,就位校正并用砂浆填充垂直缝,最后进行勾缝,以保证勾缝深度为 3～5mm。

2.砖砌体的处理技术要点

砖砌体施工需遵循清水墙面的标准,保证垂直度为 4°、平整度为 5°。施工过程中应边砌边勾缝,灰缝深度达到 20mm,并在与框架柱相接处留出 20mm 的竖向接缝。在构造柱槎口和腰梁位置,使用胶带纸进行封模,随后浇筑混凝土。施工前应清理砌体表面的浮灰和残浆,并去除柱梁表面的突出物。为了确保墙体湿润,需提前一天进行浇水处理。使用专用泥浆填平墙体的水平及竖向灰缝,竖向接缝处同样填平,并在接缝处涂抹宽度为 300mm 的泥浆层,并覆盖一层加强网格布加以压实。

3.批专用泥子基层及碱性网格布技术要点

对于专用泥浆基层及碱性网格布的施工技术,局部刮泥后应使用 600mm 的加长铁板进行赶平和压实,确保墙面平整。基层干燥后,对重点部位进行补充,主要使用柔性耐水泥浆进行作业。泥浆干透后才能进行下一步施工。使用橡胶刮板进行横向全面刮涂,确保每片板材紧密接合,无缝隙留下。每次刮涂完成后应注意收尾工作的整洁。在接触部位使用砂纸打磨,保持平整度。最后,涂抹 4～6mm 厚的专用泥浆基混合料,并将碱性玻璃纤维网格布压入其中。

4.涂面层乳胶漆涂料技术要点

机械化涂装时应遵循从上至下的顺序进行,从一端开始逐步推进至另一端,确保与前一次涂刷顺畅衔接,避免干燥后处理接缝的问题。使用自动加料刷墙机时,通过操作粉刷装置可在滑轨上进行上下移动,实现机械化涂刷,并在不使用时将粉刷手柄竖直存放以节约空间。涂装开始时应缓慢操作,防止涂料因过快启动而飞溅。涂刷时采用由下至上再由上至下的"M"形方式进行,特殊位置如阴角和边缘处应使用毛刷或刷子手工涂刷。

①底层涂料可根据需要选择单遍或双遍施工程序,在涂刷前应确保涂料充分搅拌均匀,确保涂层均匀,避免遗漏。

②中间层涂料通常需涂刷两次,间隔时间不少于 2 小时。复层涂刷应采用滚筒,注意涂层均匀,避免弹点大小不一或分布不均,按照设计要求平整涂层。

③面层涂料涂刷时,向上用力拉伸,向下轻柔回收,以获得最佳效果。同时,设置清晰的分界线,避免涂料过厚,力求一次成型以减少质量问题。

④对门垛口和墙面成品进行保护,涂刷完毕后应保持良好通风,防止涂层干燥后失去光泽。机械化涂刷涂料未干透前,周围环境应保持清洁,避免清扫地面等活动引起的灰尘污染。

(四)直接涂层墙面的绿色施工技术的质量保证措施

在砖砌体组砌过程中,应实施实时监控,严格控制垂直度等关键参数,确保专用泥浆基混合胶凝材料的配制过程受到严格管理,防止配比错误或使用不当,按照施工工艺流程认真准备每个工序,避免因准备不足而导致的材料污染或返工问题,这可能会降低工程质量和延长施工周期。对于粉煤灰加气砖墙体,应彻底清理并提前进行浇水,通常需要浇水两次,确保水分深入墙体 8～10mm 以满足要求。施工前应使用托线板和靠尺预测墙面尺寸,并确保墙面垂直、平整,阴阳角精准。

耐碱玻璃纤维网格布的嵌入应与泥浆基混合胶凝材料的批刮同步进行,并适当调整接触面。在机械化涂刷时,根据施工工艺流程认真做好各道工序的前期准备,防止准备不足导致涂料污染或返工,进一步影响工程质量和工期。控制滚刷的力度和速度是机械化涂刷过程中的关键。根据不同季节调整涂料成膜助剂的用量,夏季和冬季需选择适当的施工标准,避免助剂使用不当造成开裂等问题。整个机械化涂刷过程中,必须确保涂料量足、质量高,避免出现漏涂或膜厚不足的问题。

(五)直接涂层墙面绿色施工技术的环境保护措施

1.节能环保的组织与管理制度的建立

为落实环保责任,成立专门的施工环保管理部门,确保在整个施工过程中严格按照国家及地方政府发布的环保法律、法规和规定执行。加大力度控制施工产生的粉尘和垃圾,恪守文明施工和防火规范,同时开放接受来自各级相关机构的监察和检查。

2.节能环保的具体措施

施工区域附近,针对不同的噪音敏感区选择使用低噪音设备并采取其他降噪措施,同时控制施工时间以符合相关规定。工作中,操作人员需佩戴必要的个人防护用品如口罩、手套等,防止健康受损。使用的材料要在使用后立即妥善封存,及时清理废弃物。确保施工区域内部通风良好,避免影响工作人员健康。在进行面层乳胶漆涂刷工作时,要注意防止地面和踢脚线等处被污染,且禁止使用有机溶剂进行室内清洁。工程完成后,应维持室内空气流通,避免涂层表面因干燥不足而失去光泽,同时推迟室内清洁工作,防止因尘埃污染影响环境质量。

三、轻骨料混凝土内空隔墙的绿色施工技术

(一)轻质混凝土内空隔墙的构造

随着高层和超高层建筑的迅速增多,建筑高度的纪录持续被刷新,这对建筑结构的设计提出了更高的技术要求。尤其是减轻结构自重和控制高层建筑的水平位移成为设计与施工中的关键问题。面对这些挑战,传统施工技术常常难以满足要求,不仅耗时耗料,而且质量难以保证。针对这一问题,采用新型轻骨料混凝土内空隔墙的绿色施工技术,成功解决了内空隔墙的整体性和耐久性不足、保温隔音效果差以及施工复杂度高、现场环保控制不佳等质量问题。

轻骨料混凝土内隔墙主要由四部分构成:龙骨结构、小孔径波浪形金属网、轻质陶粒混凝土骨料和表面水泥砂浆层。该技术通过在现场直接安装和制作,灵活布置内墙分布,有效降低了建筑的自重,节约了室内空间。施工过程中,水电管线在金属网中固定并封装,其中采用的压型钢板网现场切割,厚度 0.8mm,网孔规格在 6 至 12mm,龙骨材料为热轧薄钢板,厚度 0.6mm,轧制成"L"形和"C"形。轻骨料混凝土的强度为 C40,轻骨料重量为 400kg/m³ 陶粒,表层采用 20mm 厚的 1:3 水泥砂浆。这种轻骨料混凝土内空隔墙技术充分发挥了新材料和新工艺的优势,不仅满足了建筑行业对节能降噪和绿色施工的要求,还提高了施工效率和建筑质量。

(二)绿色施工技术特点

采用以龙骨安装、金属网片固定、水电管道内置布线以及轻骨料混凝土浇筑为主要步骤的无间断连续施工方法,这种工艺快速、便捷且高效,完美适配轻骨料混凝土内空隔墙的轻质、灵活和多变的安装需求,赋予建筑良好的保温、隔热和降噪性能。通过现场参数化裁剪,制造出满足超薄要求的 A 型和 B 型异形金属单网片,这些金属网片与现场通过滚压成型的"L"形和"C"形龙骨配合使用,可以显著提高施工安装速度,满足高效率施工的需求。

"L"形龙骨的精准定位和安装:保证与楼面、顶面接触的"L"形龙骨的固定间距不超过 500mm,而且在墙体或柱旁采用分段的"L"形龙骨连接,高度方向的间距不大于 600mm。每个连接件有两个固定点,长 200mm,这种方法有效保障了轻骨料混凝土内空隔墙的稳定性和耐用性。

金属网片和竖向龙骨的同步安装:在网片拼接时,两片网片之间用 22 号铁丝连接并固定,间隔大约 400mm,并在中间加入"C"形竖向龙骨以增强连接稳定性,间隔约 450mm。不足一片的网片应放在墙体中央,并额外设置一根龙骨以增强墙体稳定性。

水电管道在内空隔墙金属网内的精确固定与永久性封装:通过钢网片进行局部加固,并用 C20 细石混凝土填充以保障管线与墙体的一体性。所有管线接口,如开关、插座等,都应预埋在金属网中,并用 22 号镀锌铁丝紧固。

采用硅藻土涂料喷涂的绿色施工技术,实现网片结构与灰浆层的永久性黏结。通过有序的施工工艺,完成 10mm 厚 1∶3 水泥砂浆层、陶粒填充层及 10mm 厚水泥砂浆抹面层的施工,精细的面层处理措施有效避免了墙面开裂和平整度问题,显著提升了墙面质量,为室内高品质装修提供了坚实基础。

(三)内空隔墙绿色施工的施工工艺流程

轻质骨料混凝土隔墙的建设主要依靠瓦工、钢筋工等专业人员的协作来完成。关键的施工步骤包括龙骨的固定和布置以及水电系统的密集安装,这些都是确保施工质量的重要环节。通过采用有效的施工方法和设置精确的质量监控点,成功解决了轻质骨料混凝土隔墙在整体性、耐久性以及水电安装复杂性方面的问题,同时显著改善了抹灰和表面质量,有效提高了墙体建设的效率。

(四)绿色施工的技术要点

1.施工准备工作

依据已审批的设计图纸,对工地进行测量,计算所需的龙骨、网片及配件的具体数量,并将需求反馈至生产厂家进行制造。考虑到工地实际情况,制定出合适的供水、供电及物料运输方案。此外,安排必要的人力资源计划,设置临时施工及居住设施,确保所有材料和设备到场后可以得到妥善的存放和保护。同时,拟定电气工程的专项施工方案,并完成相关技术说明的工作。

2. 金属网板和龙骨的生产

采用特定的机械设备对金属网板进行现场定制生产,适用于内外墙的 A 型单片网板标准宽度为 450mm,厚度为 60mm,而安装后的墙体厚度可达 160mm;专为室内隔墙设计的 B 型单片网板宽度则为 540mm,厚度为 27.5mm,安装后墙体的厚度为 90~100mm。所有龙骨均采用冷轧或热轧薄钢板生产,厚度为 0.6mm,经过滚压加工成"L"形或"C"形。其中,"L"形龙骨主要用于 540mm 间距的室内空隔墙,而"C"形龙骨则按 450mm 间距布置。网板加工完毕后,应根据长度分类堆放,每堆不超过 10 片,以避免挤压变形,同时保持通风和干燥。

3. 施工现场的测量和标线

轻骨料混凝土隔墙的测量和标线工作与金属网板及龙骨的制作可以同时进行,这样做能有效缩短工期。在开始放线之前,需清除地面障碍物,并移除所有干扰作业的设备及物品。依据基准线测出施工墙体的中心线,利用墨斗线进行标记,并基于此中心线向两侧弹出墙体安装的控制线,将底线延伸到顶棚,并在墙面或柱子上进行标记。鉴于墙体厚度较薄,对放线精度的要求较高,其尺寸误差应控制在 10mm 以内。特殊结构需要单独处理,放线过程中应明确标记门窗位置、尺寸及高度。放线完成后,应及时通知监理单位进行验收,只有验收通过后,才能进入下一道工序。

4. "L"形边龙骨的安装

根据放样的墨线位置,使用射钉将"L"形边龙骨固定在位,确保其与楼面和顶面接触的固定间距约为 500mm。安装时,上下"L"形边龙骨的方向应保持一致,而且在墙角或柱边采用分段的"L"形边龙骨进行连接,其垂直方向的间距不超过 600mm,连接件的长度应为 200mm,每个固定点需至少两个固定件。门洞口的"L"形边龙骨仅在顶部安装,底部则不设置。安装完成后,需进行现场检验,确认无误后方可进入随后的施工阶段。

(五)轻质隔墙绿色施工中的环境保护措施

构建与持续优化环境保护及文明施工的管理体系,拟定具体的环保标准和操作措施,明确施工人员在环保方面的职责分工,并对所有到场人员进行环保知识的技术交流与培训,同时建立完整的施工现场环境保护和文明施工档案资料。根据"安全文明示范工地"的标准,对施工现场的加工区域和室内作业区进行统一的规划与分阶段的管理,确保指示标牌清晰可见、完整并容易识别,保持施工区域的整洁与规范。

积极开展施工废料的回收利用,及时清除施工过程中产生的小量建筑废弃物,维护现场卫生,并保持清洁。实施有效的室内通风措施,以确保室内空气质量,预防粉尘污染,必要时使用通风除尘设备来达到室内作业环境空气质量标准;选择能够满足照明需求同时又不会造成视觉不适的新型节能照明设备,以实现节能减排和控制光污染;通过科学的组织和采用先进的施工技术与设备,严格减少材料浪费,以促进资源的合理利用和环境保护。

四、新型花岗岩饰面保温一体板外墙外保温的绿色施工技术

(一)新型花岗岩饰面一体板构造

新型超薄花岗岩饰面保温一体板新产品,作为一款在施工现场用底板和盖板、阻燃型聚氨酯有机保温材料保温板、超薄花岗岩饰面板,采用水泥砂浆混合建筑胶水黏结而成的"四新"产品。通过粘锚结合的方式实现大板块一体板与墙体的结合,对板块拼缝的细部构造处理解决"冷桥"问题和墙面自排水问题,实施模块化的连续交叉施工组织,保证外墙施工可满足保温、防水、抗老化等性能要求,且无任何质量通病。

（二）外保温绿色施工的技术特点

新型花岗岩饰面保温一体板设计,涵盖了 20mm 厚的防水底板与顶板、30mm 厚的阻燃聚氨酯保温板以及 10mm 的超薄花岗岩装饰面板。黏结这些材料的是一种按特定比例混合的水泥与建筑胶水制成的胶凝材料,这种材料使得保温板不仅具有优良的装饰效果,还能防止开裂、变形,并保持长期稳定的保温效果。安装这些一体板时,采用了一种结合粘接和锚固的方法,既通过水泥胶凝材料与外墙体黏结,又通过特制的"四爪式"锚固件同步固定板角,以及利用特殊的 T 形锚固件固定板边,确保了一体板的永久固定。通过精确控制板缝,结合密拼板块、保温密封条和密封胶的应用,有效解决了"冷桥"问题,并在板缝设有自排水通道,保证墙面水分有序排出,确保了外墙的正常使用功能。此外,新型花岗岩饰面保温一体板的综合施工技术支持灵活的作业区域划分和模块化交叉作业,实现同步连续施工,而且在现场制作与安装过程中的环保无污染特性及锚固件材料的循环使用,成为其特别的亮点。

（三）外墙外保温绿色施工技术要点

1.新型花岗岩饰面保温一体板的制作过程

首先,把水泥和建筑胶水混合成砂浆并均匀涂抹在底板上,确保砂浆分布均匀。随后,将阻燃型聚氨酯保温材料放置于底板上,确保两者紧密结合。在保温材料安装至底板之后,在外保温层的边缘通孔或选定的通孔中填充水泥黏合剂。之后,盖板被安装在保温板上,并通过保温层的通孔中插入的凸块将其固定,这些凸块在填充了水泥的通孔中与底板和保温层相互黏结,从而将底板、保温层和盖板紧密连接成一体。在完成上述步骤后,进行整体切割和裁剪,最后将超薄花岗岩饰面板黏贴上去。

2.外墙面基体的处理

在安装新型花岗岩饰面保温一体板之前,必须确保外墙基层的找平层符合要求,并且门窗框、预埋件等已按设计要求安装完成。基层墙体需平整且坚固,所有的污渍、疏松或损坏的抹灰层以及油渍等杂物都必须彻底清除,并修补平整。使用滚刷均匀涂抹界面砂浆,确保无遗漏,涂层厚度控制在 0.5～3.5mm,确保良好的黏结强度。用 2m 靠尺检查平整度和垂直度,平整度的最大允许偏差为0.5mm,垂直度的最大允许偏差为 0.8mm,超出标准的部分需进行相应的处理,穿墙孔周围应密封严实。

3.墙面控制线的设置

在顶板和侧墙处根据保温一体板的厚度进行垂直吊线、方位调整和厚度控制线的标记,并在墙面上标出保温一体板的安装控制线。横向基准控制线应位于阴阳角的轮廓线上,而纵向基准线则设在建筑墙面上,以确保保温一体板安装的精准度。

4.新型花岗岩饰面保温一体板的粘贴与安装

根据质量比例 5∶1 配制黏结砂浆并充分搅拌,静置 5～10 分钟后再次搅拌以便使用。注意,混合好的砂浆需在 2 小时内用完,且禁止使用已凝固的砂浆。采用点框式粘贴方法,将调好的黏结剂均匀点涂在保温复合板背面,边框涂抹厚度不少于 85mm,点的直径不小于 100mm,保证至少 6 个点以确保黏结面积超过 50%。将板材紧压墙体,确保黏结砂浆固化后厚度控制在 8～10mm,通过调整位置确保板缝对齐,对不符合尺寸的边角可以现场裁剪后粘贴。

5."四爪式"铝合金锚固件安装

按照设计及施工线位打孔,将"四爪式"和"T 形式"锚固件安装到基层墙体。板材黏结就位后,安装带有尼龙抗震隔热垫的锚固件,每个"四爪式"锚固件固定四块板,而"T 形式"锚固件固定两块板,确保锚固件排列整齐、垂直,锚固件与板材间接触均匀。安装时保证装饰板连接牢固,避免移动已黏结的板材影响砂浆强度。

6.特殊节点的构造处理

在阴阳角、窗户周边等关键部位,使用尼龙螺栓加强锚固,并用石材强力胶进行黏结。缝隙用发泡聚氨酯填实,并使用中性硅酮密封胶进行密封,以增强这些部位的结构强度。

7.板缝处理技术

保温一体板的板缝应实现密拼,板缝宽度与铝合金锚固件直径一致。通过设置自排水的封闭管道系统,保证墙面水分的有效流通。在板缝中填充发泡聚氨酯解决"冷桥"问题。若保温系统内部积水,应通过底部设置的不锈钢管排水,确保水分能够排出。板缝处理后,使用中性硅酮密封胶进行勾缝,确保缝隙饱满、密实、均匀无气泡。

8.表面清洁技巧

先清洁装饰板边缘的灰尘污垢,再用干净毛巾清理黏结胶残留。若装饰板局部有水泥或灰尘污染,应用清水清洁,保持表面干净整洁。

(四)外墙外保温施工环境保护措施

加强环境保护教育和激励机制,将环保知识纳入所有施工人员的必修教育课程中,提升他们对环境保护的认识,确保废弃物的正确处理。遵循 ISO14001 环境管理标准,对施工现场产生的废弃物进行集中堆放,并定期由当地环保机构负责清理。使用新型花岗岩饰面保温一体板作为外墙材料,不仅减少了墙体厚度,降低了传统材料的消耗,而且由于其独特的结构设计,有效减轻了"冷桥"现象,大量节省了保温材料,实现了材料使用的节能和减排。此外,这种新型外墙材料还能显著提高墙体的气密性,进一步实现节能。在进行外墙开孔作业时,采取适当的防尘和降噪措施,努力控制噪音对周边环境的影响。对于产生较大噪声的施工设备,如切割机、开孔机等,应采用封闭式作业棚来减少噪声传播。同时,合理回收利用建筑钢材的下料余料,加工成锚固固件,实现钢材的循环使用,体现环保和资源利用的原则。

第五章　绿色施工管理制度与实施

第一节　绿色施工管理制度

一、总则

（一）为贯彻落实建设工程节地、节能、节水、节材和保护环境的技术经济政策，建设资源节约型、环境友好型社会，通过采用先进的技术措施和管理，最大程度地节约资源，提高能源利用率，减少施工活动对环境造成的不利影响，规范绿色施工管理。

（二）本制度所指的施工现场包括施工区、办公区和施工人员生活区。

（三）施工现场绿色施工管理除应执行本制度的规定外，还应遵守国家及地方现行有关法规和强制性标准的规定。

（四）绿色施工应积极采用先进的生产手段、技术措施和施工方法，推进建筑施工工业化、机械化、信息化和标准化。

（五）职责分配

1. 项目经理应对施工现场的绿色施工负总责。分包单位应服从项目部的绿色施工管理，并对所承包工程的绿色施工负责。

2. 项目经理为第一责任人的绿色施工管理体系，制定绿色施工管理责任制度，定期开展自检、考核和评比工作。

3. 项目经理部总工应在施工组织设计中编制绿色施工技术措施或专项施工方案，并确保绿色施工费用的有效使用。

4. 项目部应组织绿色施工教育培训，增强施工人员绿色施工意识。

5. 项目部应定期对施工现场绿色施工实施情况进行检查，做好检查记录。

6.在施工现场的办公区和生活区应设置明显的有节水、节能、节约材料等具体内容的警示标识,并按规定设置安全警示标志。

7.施工前,项目部应根据国家和地方法律、法规的规定,制定施工现场环境保护和人员安全与健康等突发事件的应急预案。

8.按照建设单位提供的设计资料,施工单位应统筹规划,合理组织一体化施工。

(六)节约土地管理制度

1.建设工程施工总平面规划布置应优化土地利用,减少土地资源的占用。

2.施工现场的临时设施建设禁止使用黏土砖。

3.土方开挖施工应采取先进的技术措施,减少土方开挖量,最大限度地减少对土地的扰动,保护周边自然生态环境。

二、节能管理制度

(一)施工现场应制订节能措施,提高能源利用率,对能源消耗量大的工艺必须制定专项降耗措施。

(二)临时设施的设计、布置与使用,应采取有效的节能降耗措施,并符合下列规定:

1.利用场地自然条件,合理设计办公及生活临时设施的体形、朝向、间距和窗墙面积比,冬季利用日照并避开主导风向,夏季利用自然通风。

2.临时设施宜选用由高效保温隔热材料制成的复合墙体和屋面,以及密封保温隔热性能好的门窗。

3.规定合理的温、湿度标准和使用时间,提高空调和采暖装置的运行效率。

4.照明器具宜选用节能型器具。

(三)施工现场机械设备管理应满足下列要求:

1.施工机械设备应建立按时保养、保修、检验制度。

2.施工机械宜选用高效节能电动机。

3.220V/380V 单相用电设备接入 220/380V 三相系统时,宜使用三相平衡。

4.合理安排工序,提高各种机械的使用率和满载率。

(四)建设工程施工应实行用电计量管理,严格控制施工阶段用电量。

(五)施工现场宜充分利用太阳能。

三、节约土地管理制度

(一)建设工程施工总平面规划布置应优化土地利用,减少土地资源的占用。

(二)施工现场的临时设施建设禁止使用黏土砖。

(三)土方开挖施工应采取先进的技术措施,减少土方开挖量,最大限度地减少对土地的扰动,保护周边自然生态环境。

四、节水管理制度

(一)建设工程施工应实行用水计量管理制度,严格控制施工阶段用水量。

(二)施工现场生产、生活用水必须使用节水型生活用水器具,在水源处应设置明显的节约用水标识。

(三)建设工程施工应采取地下水资源保护措施,新开工的工程限制进行施工降水。因特殊情况需要进行降水的工程,必须组织专家论证审查。

(四)施工现场应充分利用雨水资源,保持水体循环,有条件的宜收集屋顶、地面雨水再利用。

(五)施工现场应设置废水回收设施,对废水进行回收后循环利用。

五、节约材料与资源利用制度

(一)优化施工方案,选用绿色材料,积极推广新材料、新工艺,促进材料的合理使用,节省实际施工材料消耗量。

(二)根据施工进度、材料周转时间、库存情况等制定采购计划,并合理确定采购数量,避免采购过多,造成积压或浪费。

(三)对周转材料进行保养维护,维护其质量状态,延长其使用寿命。按照材料存放要求进行材料装卸和临时保管,避免因现场存放条件不合理而导致浪费。

(四)依照施工预算,实行限额领料,严格控制材料的消耗。

(五)施工现场应建立可回收再利用物资清单,制定并实施可回收废料的回收管理办法,提高废料利用率。

(六)根据场地建设现状调查,对现有的建筑、设施再利用的可能性和经济性进行分析,合理安排工期。利用拟建道路和建筑物,提高资源再利用率。

(七)建设工程施工所需临时设施(办公及生活用房、给排水、照明、消防管道及消防设备)应采用可拆卸可循环使用材料,并在相关专项方案中列出回收再利用措施。

六、扬尘污染管理制度

(一)施工现场主要道路应根据用途进行硬化处理,土方应集中堆放。裸露的场地和集中堆放的土方应采取覆盖、固化或绿化等措施。

(二)施工现场大门口应设置冲洗车辆设施。

(三)施工现场易飞扬、细颗粒散体材料,应密闭存放。

(四)遇有四级以上大风天气,不得进行土方回填、转运以及其他可能产生扬尘污染的施工。

(五)施工现场办公区和生活区的裸露场地应进行绿化、美化。

(六)施工现场材料存放区、加工区及大模板存放场地应平整坚实。

(七)建筑拆除工程施工时应采取有效的降尘措施。

（八）规划市区范围内的施工现场，混凝土浇筑量超过 $100m^3$ 以上的工程，应当使用预拌混凝土；施工现场应采用预拌砂浆。

（九）施工现场进行机械剔凿作业时，作业面局部应遮挡、掩盖或采取水淋等降尘措施。

（十）市政道路施工铣刨作业时，应采用冲洗等措施，控制扬尘污染。无机料拌合，应采用预拌进场，碾压过程中要洒水降尘。

（十一）施工现场应建立封闭式垃圾站。建筑物内施工垃圾的清运，必须采用相应容器或管道运输，严禁凌空抛掷。

七、有害气体排放管理制度

（一）施工现场严禁焚烧各类废弃物。

（二）施工车辆、机械设备的尾气排放应符合国家和北京市规定的排放标准。

（三）建筑材料应有合格证明。对含有害物质的材料应进行复检，合格后方可使用。

（四）民用建筑工程室内装修严禁采用沥青、煤焦油类防腐、防潮处理剂。

（五）施工中所使用的阻燃剂、混凝土外加剂氨的释放量应符合国家标准。

八、水土污染管理制度

（一）施工现场搅拌机前台、混凝土输送泵及运输车辆清洗处应当设置沉淀池。废水不得直接排入市政污水管网，可经二次沉淀后循环使用或用于洒水降尘。

（二）施工现场存放的油料和化学溶剂等物品应设有专门的库房，地面应做防渗漏处理。废弃的油料和化学溶剂应集中处理，不得随意倾倒。

（三）食堂应设隔油池，并应及时清理。

（四）施工现场设置的临时厕所化粪池应做抗渗处理。

（五）食堂、盥洗室、淋浴间的下水管线应设置过滤网,并应与市政污水管线连接,保证排水畅通。

九、噪声污染管理制度

（一）施工现场应根据国家标准《建筑施工场界噪声测量方法》和《建筑施工场地噪声限值》的要求制定降噪措施,并对施工现场场界噪声进行检测和记录,噪声排放不得超过国家标准。

（二）施工场地的强噪声设备宜设置在远离居民区的一侧,可采取对强噪声设备进行封闭等降低噪声措施。

（三）运输材料的车辆进入施工现场,严禁鸣笛。装卸材料应做到轻拿轻放。

十、光污染管理制度

（一）施工单位应合理安排作业时间,尽量避免夜间施工。必要时的夜间施工,应合理调整灯光照射方向,在保证现场施工作业面有足够光照的条件下,减少对周围居民生活的干扰。

（二）在高处进行电焊作业时应采取遮挡措施,避免电弧光外泄。

十一、环境影响控制管理制度

（一）工程开工前,建设单位应组织对施工场地所在地区的土壤环境现状进行调查,制定科学的保护或恢复措施,防止施工过程中造成土壤侵蚀、退化,减少施工活动对土壤环境的破坏和污染。

（二）建设项目涉及古树名木保护的,工程开工前,应由建设单位提供政府主管部门批准的文件,未经批准,不得施工。

（三）建设项目施工中涉及古树名木确需迁移,应按照古树名木移植的有关规定办理移植许可证和组织施工。

（四）对场地内无法移栽、必须原地保留的古树名木应划定保护区域,严格履行园林部门批准的保护方案,采取有效保护措施。

（五）施工单位在施工过程中一旦发现文物,应立即停止施工,保护现场并通报文物管理部门。

（六）建设项目场址内因特殊情况不能避开地上文物，应积极履行经文物行政主管部门审核批准的原址保护方案，确保其不受施工活动损害。

（七）对于因施工而破坏的植被、造成的裸土，必须及时采取有效措施，以避免土壤侵蚀、流失。如采取覆盖砂石、种植速生草种等措施。施工结束后，被破坏的原有植被场地必须恢复或进行合理绿化。

十二、场地布置及临时设施建设管理制度

（一）施工现场办公区、生活区应与施工区分开设置，并保持安全距离；办公、生活区的选址应当符合安全要求。

（二）施工现场应设置办公室、宿舍、食堂、厕所、淋浴间、开水房、文体活动室（或农民工夜校培训室）、吸烟室、密闭式垃圾站（或容器）及盥洗设施等临时设施。

（三）施工现场临时搭建的建筑物应当符合安全使用要求，施工现场使用的装配式活动房屋应当具有产品合格证书。建设工程竣工一个月内，临建设施应全部拆除。

（四）严禁在尚未竣工的建筑物内设置员工集体宿舍。

十三、作业条件及环境安全管理制度

（一）施工现场必须采用封闭式硬质围挡，高度不得低于 1.8m。

（二）施工现场应设置标志牌和企业标识，按规定应有现场平面布置图和安全生产、消防保卫、环境保护、文明施工制度板，公示突发事件应急处置流程图。

（三）施工单位应采取保护措施，确保与建设工程毗邻的建筑物、构筑物安全和地下管线安全。

（四）施工现场高大脚手架、塔式起重机等大型机械设备应与架空输电导线保持安全距离，高压线路应采用绝缘材料进行安全防护。

（五）施工期间应对建设工程周边临街人行道路、车辆出入口采取硬质安全防护措施，夜间应设置照明指示装置。

（六）施工现场出入口、施工起重机械、临时用电设施、脚手架、出入通道口、楼梯口、电梯井口、孔洞口、桥梁口、隧道口、基坑边沿、爆破物及有害危险气体和液体存放处等危险部位，应设置明显的安全警示标志。安全警示标志必须符合国家标准。

（七）在不同的施工阶段及施工季节、气候和周边环境发生变化时，施工现场应采取相应的安全技术措施，达到文明安全施工条件。

十四、职业健康管理制度

（一）施工现场应在易产生职业病危害的作业岗位和设备、场所设置警示标识或警示说明。

（二）定期对从事有毒有害作业人员进行职业健康培训和体检，指导操作人员正确使用职业病防护设备和个人劳动防护用品。

（三）施工单位应为施工人员配备安全帽、安全带及与所从事工种相匹配的安全鞋、工作服等个人劳动防护用品。

（四）施工现场应采用低噪声设备，推广使用自动化、密闭化施工工艺，降低机械噪声。作业时，操作人员应戴耳塞进行听力保护。

（五）深井、地下隧道、管道施工、地下室防腐、防水作业等不能保证良好自然通风的作业区，应配备强制通风设施。操作人员在有毒有害气体作业场所应戴防毒面具或防护口罩。

（六）在粉尘作业场所，应采取喷淋等设施降低粉尘浓度，操作人员应佩戴防尘口罩；焊接作业时，操作人员应佩戴防护面罩、护目镜及手套等个人防护用品。

（七）高温作业时，施工现场应配备防暑降温用品，合理安排作息时间。

第二节 绿色建筑运营管理

在绿色建筑的整个生命周期中,运营管理扮演着至关重要的角色,它不仅保障建筑性能的发挥,而且实现节能、节水、节材和环境保护的目标。我们需要平衡住户需求、建筑功能和自然环境的关系,旨在为住户提供一个既安全又舒适的居住环境,同时又要致力于保护周边的自然环境,实现节能节水、使用环保材料和增加绿化等目标,确保绿色建筑设计指标得到实现。因此,绿色建筑的运营管理应贯穿于建筑的整个运营周期,并受到高度重视。特别是建筑设备的运行管理与维护在整个生命周期中起着关键作用,要根据建筑的形态、功能需求等进行室内环境、设备、门窗等因素的动态控制,以保障绿色建筑持续健康运行,维护其"绿色"属性。

然而,人们对绿色建筑的理解常存在误区,通常只关注采用节能技术来实现建筑节能的目的,而忽视了管理层面的节能潜力。技术改造带来的节能效果较容易量化,但通过管理实现节能的量化则较为困难。这种观念需要改变,因为通过有效的运营管理,绿色建筑的节能、节水、节材及环保目标才能得到全面实现。

一、绿色建筑及设备运营管理

绿色建筑的核心在于贯彻可持续性和全生命周期的理念,运用"四节一环保"(即节能、节水、节地、节材和环保)的目标和策略,贯穿建筑的规划、设计、建造及其全生命周期中的每个阶段。考虑到建筑运行阶段在整个建筑生命期中所占比例超过95%,显然,要实现绿色建筑的"四节一环保"目标,不仅要在建筑的规划、设计和建造阶段体现这一理念,更要在运行阶段通过提高管理技术水平和优化管理模式来实施。

一个真正的环保绿色建筑,其使命不仅在于提供健康的室内空气品质,还要提供对热、冷和潮湿的有效防护。适宜的热湿环境对居住者或使用者的健康、舒适度和工作效率至关重要。因此,在确保居住者或使用者健康、舒适和工作效率的基础上,还需关注建筑及其设备运行的节能减排效果。建筑及设备运行管理的基本原则包括控制室内空气质量、热舒适性和实现节能减排三个方面。依据这些管理原则及绿色建筑技术导论中提出的运行管理技术要点,其管理内容主要涉及室内环境参数管理、建筑设备运行管理以及建筑门窗管理等方面。

(一)室内环境参数管理

1.合理确定室内温、湿度和风速

在空调室外计算参数固定的情况下,夏季空调室内的温度和湿度设置越低,房间的冷负荷以及系统的能耗就会相应增大。研究显示,在不降低室内舒适度标准的基础上,合理调整室内空气的设计参数能够有效实现节能。随着室内温度的提升,节能效率会线性增长,室内设计温度每提高 1℃,可以使中央空调系统的能耗降低约 6%。在相对湿度超过 50% 的条件下,节能效率同样呈线性增长,以 50% 的相对湿度为基准,每增加 5%,能节省 10% 的能源。因此,在实际操作中,通过楼宇自动控制设备保持空调系统的运行温度与设定温度之间的差距在 0.5℃ 以内,避免夏季室内温度过低或冬季过高。

一般而言,人们认为 20℃ 是最适宜的工作温度,温度超过 25℃ 时,人体会出现一系列生理反应,如皮肤温度升高、出汗和体力下降等;当温度达到 30℃ 时,人们会感到心慌和不适;在 50℃ 的环境中,人体只能忍受 1 小时。在设定绿色建筑的室内标准时,可以在国家《室内空气质量标准》的基础上适当调整。随着节能技术的发展,冬季室内温度控制在 16℃ 左右。在制冷期,考虑到人们的适应习惯,室内温度达到 26℃ 时,并非立即开启空调,而是到了 29℃ 时才会开启,因此,空调运行时室内温度通常控制在 29℃。

室内的湿度水平对人的热平衡和湿热感觉有着重要影响。在高温高湿环境下,人体散热困难,降低湿度后人们会感到凉爽。在低温高湿的环境下,降低湿度可以使环境感觉更温暖,更加舒适。因此,

基于国家《室内空气质量标准》，制暖期室内相对湿度应保持在 30%
以上，制冷期应控制在 70% 以下。

室内风速对人体舒适感的影响同样显著。当气温高于人体皮肤
温度时，适当增加风速可以提升舒适度，但过大的风速可能造成不
适。在冬季，增加风速会让人感觉更冷，因此，根据国家《室内空气质
量标准》，制暖期的室内风速应控制在 0.2m/s 以下，制冷期应在
0.3m/s以下。

2.合理控制新风量

根据卫生标准，为了确保建筑内每位居住者或使用者能够获得
充足的新风量，维持室内空气质量的同时，也需要考虑到新风量的调
节对能耗的影响。因此，新风量的设置应依据室内允许的二氧化碳
（CO_2）浓度水平，同时根据季节变化、时间段以及空气污染程度进行
适当调整，从而在保障空气新鲜度的前提下控制新风耗能。

具体到不同气候区域，新风量的控制标准各不相同。在夏热冬
暖地区，由于主要考虑通风问题，换气次数的控制标准设定为0.5次/
小时；而在夏热冬冷地区，换气次数应控制在0.3次/小时；对于寒冷
地区和严寒地区，换气次数则应进一步降低至0.2次/小时。这些控
制标准反映了对不同气候条件下室内空气质量和能源消耗之间平衡
的考虑。

新风量的调节通常采用智能控制系统来实现，该系统能够根据
建筑的类型和用途以及室内外的环境参数进行动态的新风量调整。
这种智能控制不仅能够确保室内空气质量，同时也在能耗控制方面发挥
重要作用，是实现建筑节能与室内空气质量双重目标的有效手段。

3.合理控制室内污染物

为了有效控制室内污染，可以采取以下措施：在使用回风系统的
空调环境中，应严格执行禁烟政策；选择释放污染物少或无污染的
"环保"建材、家居和设备，培养健康的个人卫生习惯，定期对系统设
备进行清理，并及时更换或清洁过滤器；监测室外空气质量，并对引

入的新风进行过滤清洁,确保过滤系统的效能,一旦发现污染超标立即采取控制措施;对于复印室、打印室、餐厅、厨房和洗手间等可能成为污染源的区域进行专门处理,以防止室内交叉污染。在必要时,应在这些区域实施强制性的通风换气。

(二)建筑设备运行管理

1.做好设备运行管理的基础资料工作

开展设备运维管理的基础资料整理是设备管理工作的核心支撑,确保这些资料的完整性和准确性至关重要。通过现代技术手段,如计算机管理系统,实现基础资料的电子化和网络化,从而提升其应用效率。设备管理的基础资料涵盖以下几个方面:

(1)设备原始档案

这包括设备的基本技术参数、价格、质量证明、安装使用指南、验收文件、安装和调试记录以及设备的生产、安装和投入使用日期等重要信息。

(2)设备卡片及设备台账

通过将所有设备根据系统、部门或位置进行编号,并将这些设备卡片集中登记,形成企业的设备台账,以全面反映所有设备的基本情况,便于设备管理。

(3)设备技术登记簿

在登记簿中详细记录设备从启用到报废的整个生命周期,包括规划、设计、制造、采购、安装、调试、使用、维护、改造、更新和报废等各个阶段,为每台设备建立一本技术登记簿,确保记录的时效性、准确性和完整性,真实反映设备状态,指导日常工作。

(4)设备系统资料

考虑到建筑物业设备是以系统形式运作发挥作用的,例如中央空调系统,它由多种设备和传导设施组成,任何一个环节的故障都会影响到整个系统的运作。因此,除了单个设备的资料管理外,还必须重视系统资料的管理。系统资料主要包括竣工图和系统图。竣工图是根据施工中的实际变动情况更新的,确保图纸反映实际情况。系统图则通过将复杂的管线和设备分割成若干子系统,并用直观的图文形式详细说明系统结构和运作原理,便于快速查阅和问题解决,同时利于加强员工的培训和教育。

2.合理匹配设备,实现经济运行

确保设备匹配的合理性是实现建筑节能的关键所在。不合理的设备配置,如使用过大的设备("大马拉小车"现象),不仅会导致运行效率低下,还会造成设备的损耗和能源的浪费。在进行设备合理匹配时,应考虑以下要点:

(1)确保安全运行

在保证设备安全启动、制动和调速的基础上,应选用合适额定功率的电动机。避免因选择功率过大而造成能源浪费,或功率过小导致电动机过载运行,从而缩短电机的使用寿命。

(2)合理选取变压器容量

鉴于变压器的固定使用成本较高,且容量越大,向电力部门支付的增容费用也越高,因此,选取适当的变压器容量至关重要。容量过小可能导致变压器因过负荷运行而过热烧毁;容量过大则会增加设备投资和运行费用,降低变压器的运行效率和增加能量损失。

(3)根据工序需求进行匹配

应根据生产线上前后工序的需求,合理匹配各工段的主辅设备,确保各工序能够实现最优配置和顺畅衔接,使得整个生产过程中资源和能源的使用达到高效节约。此外,办公和生活设施的配置也应根据实际需求进行合理选择,如根据房间面积选择合适型号和性能的空调设备,避免因选择不当造成能源浪费或效果不佳。

3.动态更新设备,最大限度发挥设备能力

设备的技术落后和工艺过时是造成效率低下、能耗高、运营成本增加以及环境污染严重的主要原因之一,同时这也严重影响了安全管理。为了有效实现节能减排目标,我们必须坚定决心,尽快淘汰那

些耗能大、污染重的落后设备和工艺。在淘汰过程中,应注意以下几点:

第一,根据实际情况动态调整设备使用策略,实施分级利用。应优先将节能设备部署在使用频率高的环节,而被替换的高耗能设备则转移到使用频率较低的环节。这种策略虽然使得低效设备在新的使用环境中能耗依旧较高,但由于其启动次数减少,相对于投资新设备的成本可能更低。

第二,对于当前处于闲置状态的设备,应根据节能减排的需求进行改造和升级,力求使这些设备重新投入使用,从而提高其效率和经济性。

第三,从单一设备的节能改造转向系统级的优化策略,全面考虑与工艺配套的需求。这意味着在选择技术设备时,不仅要追求技术上的高起点,同时也要注重在节能方面的高标准,确保整个系统的高效和环保。

4. 合理利用和管理设备,实现最优化利用能量

节能减排的成效在很大程度上依赖于设备管理的优劣。通过加强设备管理,可以实现无须大额投资或仅需少量投资即可取得显著的节能减排效果。在设备管理方面,应当重视以下几个关键点:

第一,将设备管理纳入经济责任制的严格考核之中,并为关键设备指派专人负责操作和管理,确保设备运行的高效与可靠。

第二,实行削峰填谷的策略,如利用蓄冷空调系统。根据建筑的性质、用途以及冷负荷的变化规律来调整蓄冷空调的运行,利用峰谷电价差异,尽可能在电价较低的时段运行大功率设备,特别是在夜间。

第三,科学合理地使用设备,在确保不影响使用效果的前提下,根据设备的性能和特点灵活调整使用策略,努力做到非必要不开启,尽量减少使用频率和时长,严格执行主机和辅机的停启管理。例如,将分体式空调温度调高 1℃ 在运行 10 小时可以节省大约 0.5 度电,而这样的调整对人的舒适感几乎无影响。

第四,详细了解建筑的节电潜力及存在的问题,有针对性地采取有效措施进行能耗降低,坚决避免资源浪费现象,如无谓的照明和水

流,提升节能减排管理的精细化水平。

这些措施不仅有助于降低能耗和减少排放,还能提高经济效益,对于推动可持续发展具有重要意义。

5.养成良好的习惯,减少待机设备

待机设备,即那些连接到电源却处于等待状态的耗电设备,在企业的日常生产与生活中普遍存在,并拥有待机功能。这些设备在电源开关未完全关闭时,其内部部分电路仍然消耗电能,如电脑主机关闭后未关显示器、打印机电源未断、电视机使用后仅关闭开关而未拔掉电源插头,以及企业中那些非连续使用的生产和辅助设备因使用便利而处于待机状态。这种状态下的电能消耗,实际上是一种无效能耗,不仅导致大量电能浪费,还会因 CO_2 排放对环境造成影响。

因此,在推进节能减排的过程中,消除这类隐形能源浪费尤为关键。实际上,解决待机功耗问题并不难,关键在于养成良好的用电习惯,即在设备长时间不使用时切断电源。若每个企业都能形成此种习惯,将大幅减少设备待机时间,从而实现显著的能源节约效果。

(三)建筑门窗管理

绿色建筑的核心在于高效地利用资源和能源、保护环境、促进与自然的和谐以及创造舒适、健康和安全的居住环境。实现绿色建筑的节能目标,主要是通过建筑本身及自然能源的合理利用来确保室内环境质量。其基本策略是仅在有利于室内环境时,允许日光、热量和空气进入建筑内部。这一过程旨在合理调控阳光和新鲜空气在适当时间的引入,同时储存及调配所需的热能和冷空气。实现这一目标的手段之一是通过对建筑的门窗进行有效管理,从而发挥绿色建筑的环保和节能效果。

1.利用门窗控制室内热量、采光等问题的措施

太阳光通过窗户进入室内,既有利于利用自然光减少电灯使用,降低照明造成的夏季冷负荷和冬季采暖需求,同时也可能增加空调的冷负荷。为了平衡这一矛盾,可以采取以下策略:

（1）建筑外部遮阳

通过可调节的遮阳设施，如遮阳卷帘、活动百叶、遮阳篷和遮阳纱幕等，根据气候变化自动调整遮阳角度或开关状态，以实现最佳的节能效果。例如，自动卷帘遮阳棚能根据季节、日照和气温变化自动调整，夏季可以遮挡大部分太阳辐射，减少眩光同时保证充足的室内光线；冬季则完全开启，让阳光进入提高室内温度和照明水平。

（2）窗户内部遮阳

通过使用百叶窗帘、拉帘、卷帘等多种材质的窗帘进行内遮阳，这种方式更为灵活，易于用户根据不同季节和天气调整。但内遮阳的缺点在于，太阳辐射穿过玻璃后会使遮阳帘本身升温，进而通过对流和辐射方式增加室内温度。

（3）玻璃自身遮阳

选择具有良好遮阳性能的玻璃，如吸热玻璃、热反射玻璃和低辐射玻璃，能有效阻断部分阳光进入室内。这些玻璃类型在遮阳效果上表现良好，但也要注意它们对室内采光的影响，尤其是吸热玻璃和热反射玻璃。使用这种玻璃虽然可以减少热量进入，但关闭窗户会影响自然通风，需结合其他遮阳措施来优化效果。

此外，通过通风窗技术和光电控制的百叶自动调节系统，可以有效带走日照引起的热量，同时允许散射光进入，平衡室内光照和温度，实现高效的自然采光和节能效果。

2.利用门窗有组织地控制自然通风

自然通风技术作为生态建筑中的一个重要组成部分，其实质是利用建筑设计和自然力量（如风力和温差）实现室内外空气交换，以达到通风、降温、提供新鲜空气的目的。这种技术不仅延续了我国传统建筑中坐北朝南、利用穿堂风实现自然通风的智慧，也结合了现代科技，将其发展提升到了新的水平。自然通风的设计需要考虑建筑的形态、热压差、风压差、室外空气的温湿度及污染程度等多方面因素，目的是在保证室内环境质量的同时，最大限度地减少能源消耗和环境污染。

自然通风主要在过渡季节发挥作用,提供新鲜空气和降低室内温度,同时,在夏季的夜间通过通风降低建筑和家具储存的热量,为次日减少空调负荷提供了可能。例如,充分利用夜间通风可以在日间降低室温 $2\sim4\text{℃}$。如日本松下电器情报大楼和高崎市政府大楼等,通过有组织的自然通风系统为中庭或办公室提供通风,使得过渡季节可以不使用空调。

在那些外窗无法打开或有双层至三层玻璃幕墙的建筑中,可以采用间接自然通风策略。这种策略通过将室外空气引入玻璃幕墙的内层,然后再排出室外,从而实现自然通风。这种双层玻璃幕墙间留有较大空间的结构,被形象地称为"会呼吸的皮肤"。在冬季,它可以形成一种阳光温室效应,提高建筑围护结构的表面温度;夏季则利用烟囱效应进行间层通风,排出热空气。

实际上,自然通风的应用目标是尽可能地减少传统空调系统的使用,从而降低能耗和减少环境污染。在实际工程项目中,可以通过窗户的自动控制系统来有效地实现自然通风,如上海某绿色办公室的自然通风管理模式就是一个典型例子。通过这样的技术和管理措施,不仅能提高建筑的环境性能,也能为居住和工作在其中的人们创造一个更加舒适健康的空间。

在常规办公时间(8:30 至 17:00)内,空调系统通常处于开启状态以保证室内舒适度。然而,下班后,人员离开,而外部气温开始下降,这时便是利用自然通风策略散发室内多余热量、为次日早晨营造凉爽办公环境的最佳时机。这种做法不仅能有效节省空调能耗,还能充分利用有限的太阳能资源,确保日间室内温度维持在一个舒适的水平。

具体而言,下班后(即 17:00 以后),如果室内温度高于 24℃,同时出现以下时段之一的情况:从 0:00 到 8:00,室外温度低于室内温度;17:00 到 0:00,室外温度低于室内温度;或者 17:00 到 8:00,室外温度整体低于室内温度,那么就应根据具体时段的实际情况自动打开侧窗,并启用促进自然通风的通道。

通过自动化控制系统对窗户的开启进行管理,可以实现自然通风的最优化运用。这种方式不仅有助于在无须额外能耗的情况下降低室内温度,而且还能提升室内的热舒适性。这表明,通过精细化的管理和技术应用,可以有效地提高建筑的能效,同时保障室内环境质量。

二、绿色建筑节能检测和诊断

(一)节能检测和计量

1.节能检测

在建筑节能领域,了解和测量建筑围护结构的传热系数是提高能效的关键步骤。这一过程涉及在现场和实验室内对建筑材料和结构进行检测,以确保高效的能源使用。以下是几种常用的现场检测方法,旨在精确测量建筑围护结构的传热系数:

(1)热流计法

这是一种通过热流计和温度传感器测量构件热流值和表面温度的方法。利用这些数据计算热阻和传热系数。检测原理包括在被测区域安装热流计和热电偶,通过计算机进行数据处理以获取热流和温度读数。此方法要求测试环境内外温差大于20℃,以减少测量误差,提高结果的精确度。

(2)热箱法

分为标定热箱法和防护热箱法。它通过制造一维传热环境,模拟室内条件对被测部位进行加热,并测量通过围护结构的热量及其表面温度。这个方法主要的优点是它基本不受温度限制,适用于室外平均空气温度在25℃以下的环境。

(3)红外热像仪法

这是一种通过红外摄像仪远距离测定建筑围护结构热工缺陷的方法。它主要用于定性分析,通过比较有无热工缺陷的建筑构造的热像图,为分析检测结果提供参考。

（4）常功率平面热源法

适用于建筑材料和隔热材料热物理性能的测试。该方法通过在墙体内表面人工加热，并测定墙体内外表面的温度响应来识别墙体的传热系数。

每种方法都有其特点和适用场景，选择合适的检测方法可以有效地评估和提高建筑的节能性能。通过这些方法的应用，可以在设计和建造阶段就确保建筑物达到预期的节能标准，从而实现能效最大化。

2.节能计量

早在 20 世纪 80 年代中期，我国就开始试行第一部建筑节能设计标准。我国需要在供热系统和空调系统同时推广冷/热计量，不仅鼓励用户的行为节能，而且可以为公用建筑的能源审计提供便捷有效的途径。所以，要实现建筑节能，计量问题是保障。

（1）冷热计量的方式

要实现冷热计量，通常使用的方式有以下几种：

①北方公用建筑

可以在热力入口处安装楼栋总表。

②北方已有民用建筑（未达到节能标准的）

可以在热力入口处安装楼栋总表，每户安装热分配表。

③北方新的民用建筑（达到节能标准的）

可以在热力入口处安装楼栋总表，每户安装户用热能表。

④采用中央空调系统的公用建筑

按楼层、区域安装冷/热表。

⑤采用中央空调系统的民用建筑：按户安装冷/热表。

（2）采暖的计费计量

"人走灯关"这一行为实践，是节能减排理念中的一个简单而有效的例证，它体现了基于消费者使用量进行收费的原则。当引入到供暖系统中，特别是实行分户供暖并进行计量收费后，居民会更加注重个人经济利益,从而主动调节家庭的供暖温度以节省能源和费用。传统的供热模式如同"大锅饭",无论使用量多少,费用都是一样的,这导致了许多居民在室内感觉过热时会选择开窗散热,造成能源的极大浪费。

分户供暖和计量收费制度促使居民根据实际需要合理设定供暖温度,例如,在卧室休息时温度设定为20℃,平常保持在15℃,而厨房和储藏室不使用时,仅需保持在略高于冰点的温度即可。通过这样的温度管理,不仅能满足居民的实际生活需求,还能有效节约能源,减少不必要的开支。

实行分户热计量和分室温控的供暖系统,具有以下显著优点:每个住户都可以独立计量和调节供热量,根据各自的需求调整供暖温度,既提升了居住舒适度,也促进了能源的合理利用。这种系统的实施,不仅使供热更加个性化、灵活,也有助于培养居民节能的良好习惯,长远看来对促进能源的节约和环境保护具有重要意义。

(3)分户热量表

①分室温度控制系统装置——锁闭阀

锁闭阀和散热器温控阀是供热系统中重要的调节与控制设备,它们各自承担着不同的功能和作用,共同保证供热系统的高效运行。

锁闭阀分为两通式和三通式,结合了调节和锁闭两种功能。这种阀门配备外部弹子锁,可以实现单独开锁或互相开锁,以适应不同的使用需求。锁闭阀不仅可以在供热计量系统中作为一种强制性的收费管理手段,确保供热费用的合理收取,而且也可以在常规的采暖系统中利用其调节功能。通过在系统调试完成后锁闭阀门,可以防止用户随意调节供热量,从而保持系统的正常运行和防止系统失调。

散热器温控阀是一种自动控制散热量的设备,它由阀体和感温元件控制两部分组成。散热器温控阀通过自动恒温头内部的自动调节装置和自力式温度传感器工作,无须外部电源即可实现长期的自动控制。这种阀门广泛应用于需要分室温度控制的系统中,能够实现恒定室温的功能。它的温度设定范围广泛,可以连续调节,以满足不同环境和用户的需求。

这两种阀门的应用,使得供热系统既能满足用户对个性化温度控制的需求,又能保证能源的合理使用和费用的公正计算,是现代节能减排策略中不可或缺的技术设施。通过这样的设备配置,用户可以根据自身的实际需求调整供暖温度,达到既舒适又节能的目的。

②热量计装置——热量表

热量表,作为一种用于测量和计算供暖系统中热能消耗的机电一体化仪表,其核心作用在于实现热能使用的精确计量和公平分配。热量表的主要组成部分包括流量计、温度传感器和积算仪,这些部件共同工作以准确测量经过供热系统的热能量。

对于住宅供暖而言,将热量表安装在供水管路上是比较理想的选择,因为这个位置的水温较高,有利于流量计的准确计量。如果热量表设计中不包括过滤器,为了保证仪表的准确性和延长使用寿命,需要在热量表前安装过滤器以去除水中的杂质。

热量表在需要热计量的系统中发挥着至关重要的作用,它能直接测量通过系统的热量,为热能的分配和计费提供准确数据。而热量分配表则与之略有不同,它不直接测量每个用户的实际用热量,而是测量每个用户用热的比例。总热量由安装在楼宇入口的热量总表测量,然后根据热量分配表的读数,计算出每户的热量使用比例。采暖季结束后,通过专业人员读取热量分配表的数据,并结合总热量表的读数,通过计算得出每户的实际用热量。

热量分配表按其工作原理可分为蒸发式和电子式两种。蒸发式热量表通过测量蒸发量来间接反映热量使用情况,而电子式热量表则采用电子传感器和计算技术直接测量和记录热能使用情况。

通过这样的计量和分配系统,可以确保供暖费用的公平性,鼓励用户根据实际需要合理使用热能,从而促进能源的节约和高效利用。

（4）空调的计费计量

在中央空调系统的收费和能量计量中，实现按量收费是对市场经济原则的一种遵循，这要求使用精确的计量器具和方法来量化能量消耗。按照计量方法的不同，中央空调的计量可以分为直接计量和间接计量两种主要形式，以及一种基于实际使用效果的当量能量计量法。

①直接计量

这种方法通过安装能量表来直接测量中央空调系统内介质（通常是水）的流量和温度差异，从而计算出系统的热交换量。能量表由流量计、两个温度传感器和能量积算仪组成。根据流量计的类型不同，能量表分为机械式、超声波式和电磁式三种，各有其适用场合和优点。

②间接计量

这种计量方式包括电表计费和热水表计费，通过计量空调末端设备的用电量或用水量作为计费的依据。尽管这些方法操作简便、成本较低，但它们无法准确反映中央空调系统真实的能量消耗，因为它们没有直接测量热交换量，可能导致收费不公平。

③当量能量计量法（CFP系列）

这是一种先进的计费系统，它根据中央空调供水的温度以及风机盘管的电动阀和电机状态来确定用户的实际使用情况，只在空调系统真正发挥效果时进行计时。这种方法通过高级计算和管理软件进行数据处理，以得出当量能量的付费比例，更加合理地反映用户的实际能耗。

直接能量计量（能量表）适合于需要对大面积进行能耗监测和计费的场合，如分层或分区的大型建筑。而CFP当量能量计量则更适用于面积较小、使用情况各异的建筑，如办公楼、写字楼、酒店和住宅楼等，因为它可以更准确地根据实际使用效果来进行能量计量和收费。这些方法的选用和实施，能有效促进能源的合理使用，实现能量的有效管理和公平计费。

（二）建筑系统的调试

系统调试的重要性通常容易被忽略，然而，只有经过适当调试的系统才能达到既定要求并保证能效运行。不当的系统调试可能导致需要增加系统容量以满足设计标准，这不仅会浪费资源，还可能引起设备损耗和过度负荷。举个例子，若某办公楼的系统未经充分调试便开始使用，可能会因为某些区域的水流量超出正常值，导致其他区域空调供水不足，从而不得不同时开启多台水泵以确保供水量，这无疑增加了能源消耗。近年来，许多新建的建筑都配备了依赖于智能控制的供热、通风、空调和照明系统，但许多情况下，这些系统并未能如预期般运行，进而造成能源浪费。因此，建筑调试的必要性日益凸显。

建筑调试涉及对建筑系统的检查与验收，验证设计各方面是否符合合同规定，并确保建筑及其系统具备预期功能。调试过程的优势包括：确保系统按设计要求运行，实现节能及经济效益；维护良好的室内空气品质；通过测试和验证提高系统在实际环境下的表现，减少居住者不满；施工承包者的调试记录有助于确认系统按图纸安装，减少后期的问题和维修成本；定期进行的再调试确保系统持续正常运行，维护室内空气质量，减少员工不满和提升工作效率，同时也降低了建筑业主的潜在责任风险。

（三）设备的故障诊断

为了确保建筑设备达到高性能标准，除了在设计和制造阶段进行深入的技术研究之外，保持设备在运行过程中的正常状态并优化其运行也是至关重要的。最近的研究显示，通过对商业建筑的暖通空调系统进行故障检测和诊断调试，可以实现高达 20% 至 30% 的能源节约。因此，提前预测暖通空调系统可能出现的故障，迅速定位故障发生的具体位置和部件，并查明故障原因，可以有效降低故障发生的概率。如果故障诊断系统能自动识别出暖通空调设备及系统的具体故障，并及时通知操作人员，那么系统就可以被迅速修复，大大减少设备处于故障状态下运行的时间,进而降低维修成本和避免因设备停机而造成的意外损失。加强故障的预测和监控不仅有助于减少设备故障,延长设备寿命,同时也能为业主提供一个持续舒适的室内环境。这对于提升用户的舒适度、增强建筑的能效、提高暖通空调系统的可靠性以及减少经济损失均具有极为重要的意义。

1.故障检测与诊断的定义与分类

故障检测与诊断(FDD)是维护设备正常运行和实现节能管理中不可分割的两个步骤,其中故障检测负责确定故障的具体位置,而故障诊断则进一步分析故障的性质、确定故障的范围与程度,这个过程也被称为故障辨识。根据不同的分类标准,故障检测与诊断方法多样,包括按诊断性质划分的调试诊断与监视诊断、根据诊断推理方法划分的自顶向下与自底向上的诊断方法,以及按故障搜索类型划分的拓扑学诊断方法和症状诊断方法。这些多种分类方式为准确、有效地识别和处理设备故障提供了多角度的途径和工具。

2.常用的故障检测与诊断方法

目前开发出来的用于建筑设备系统故障检测与诊断的方法(工具)主要有以下几种(见表5-1)。

表5-1 常用的故障诊断方法

故障诊断方法	优点	缺点
基于规则的故障诊断专家系统	诊断知识库便于维护,可以综合存储和推广各类规则	如果系统复杂,则知识库过于复杂,对没有定义的规则不能辨识故障
基于案例推理的故障诊断方法	静态的故障推理比较容易	需要大量的案例
基于模糊推理的故障诊断方法	发展快,建模简单	准确度依赖于统计资料和样本
基于模型的故障诊断方法	各个层次的诊断比较精确,数据可通用	计算复杂,诊断效率低下,每个部件或层次都需要单独建模

基于故障树的故障诊断方法	故障搜索比较完全	故障树比较复杂,依赖大型的计算机或软件
基于模式识别的故障诊断方法	不需要解析模型,计算量小	对新故障没有诊断能力,需要大量的先验知识
基于小波分析的故障诊断方法	适合做信号处理	只能将时域波形转换成频域波形表示
基于神经网络的故障诊断方法	能够自适应样本数据,很容易继承现有领域的知识	有振荡,收敛慢甚至不收敛
基于遗传算法的故障诊断方法	有利于全局优化,可以消除专家系统难以克服的困难	运行速度有待改进

3.故障检测与诊断技术在暖通空调领域的应用

目前,关于暖通空调的故障检测和诊断以研究对象来分,主要集中在空调机组和空调末端,其中又以屋顶式空调最多,主要原因是国外这种空调应用最多。另外,这个机型容量较小,比较容易插入人工设定的故障,便于实际测量和模拟故障。表5-2列出了暖通空调系统常见的故障及其相应的诊断技术。

表5-2 暖通空调系统常见的故障及其相应的诊断技术

设备类型	常见故障现象	诊断模型或方法
单元式空调机组	热交换器脏污、阀门泄漏	比较模型和实测参数的差异,用模糊方法进行比较
变风量空调机组	送/回风风机损坏、冷冻水泵损坏、冷冻水泵阀门堵塞、温度传感器损坏、压力传感器损坏	留存式建模与参数识别方法,人工神经网络方法

往复式制冷机组	制冷剂泄漏、管路阻力增大、冷冻水量和冷却水量减少	建模，模式识别，专家系统
吸收式制冷机组	COP下降	基于案例的拓扑学监测
整体式空调机	制冷剂泄漏、压缩机进气阀泄漏、制冷剂管路阻力大、冷凝器和蒸发器脏污	实际运行参数与统计数据分析
暖通空调系统灯光照明等	建筑运行参数变化、建筑运行费用飙升	整个建筑系统进行诊断

说明：并不是表中规定的故障检测与诊断方法不能用于其他的设备，或某个设备只能用表中所示的故障检测与诊断方法，表中所列的只是常用的方法。

4.暖通空调故障检测与诊断的现状与发展方向

目前，市场上已开发出多种专门针对建筑系统故障的诊断工具，包括用于整个建筑系统、冷水机组、屋顶单元、空调单元以及变风量箱等不同部件的故障诊断工具。这些工具各自独立，设计用于特定系统或设备的故障检测与诊断，其数据和功能并不能在不同诊断工具之间共享使用。

展望未来，故障诊断工具有望成为建筑操作系统的标准配置之一，诊断功能将被整合进建筑控制系统中，甚至成为能源管理控制系统（EMCS）的一个组成部分。这意味着，未来的故障诊断工具可能由控制系统的生产商直接开发提供，或由第三方服务提供商提供支持。关键在于，这些诊断工具的数据和协议将会是开放且兼容的，遵循工业标准，从而提供极大的便利性和实用性，实现不同诊断工具之间的数据共享和互操作，为建筑设备的维护和能源管理带来革新。

第三节　绿色建筑施工项目管理

一、绿色建筑施工组织管理

建立绿色施工管理体系就是绿色施工管理的组织策划设计,以制定系统、完整的管理制度和绿色施工的整体目标。在这一管理体系中有明确的责任分配制度,并指定绿色施工管理人员和监督人员。

绿色施工要求建立公司和项目两级绿色施工管理体系。

(一)绿色施工管理体系

1.公司绿色施工管理体系

施工企业应建立以总经理为首的绿色施工管理体系,由总工程师或副总经理担任主要负责人,负责整合人力资源管理、成本核算、工程科技、材料设备管理以及市场经营等部门的力量。该管理体系的构建旨在全面推进绿色施工的实施和发展。

人力资源管理部门的职责包括安排绿色施工所需人员和培训工作,监督项目部绿色施工培训计划的执行和效果,以及在公司内部推广国内外绿色施工的新政策和制度。

成本核算管理部门则专注于分析绿色施工的直接经济效益,确保绿色施工实践不仅符合环保要求,同时也具有经济合理性。

工程科技管理部门负责协调全公司的绿色施工项目,包括人员、机械、材料循环以及废弃物处理等方面的工作,监督项目部绿色施工措施的执行,收集和分析项目数据,并负责组织绿色施工的专项检查。

材料设备管理部门负责建立和更新《绿色建材数据库》和《绿色施工机械数据库》,监督项目部的材料领用制度和施工机械的维护保养工作,确保材料和设备的绿色标准得到遵守。

市场经营管理部门则在绿色施工项目的分包合同评审中发挥作用,确保合同中包含绿色施工相关的条款,从而在合作伙伴之间形成绿色施工的共识和标准。

通过上述各部门的紧密合作与协调,施工企业能够有效推动绿色施工管理体系的建立与执行,不仅提升建筑项目的环境友好度和资源效率,还能促进企业在市场中的竞争力。

2.项目绿色施工管理体系

为了确保绿色施工项目的有效管理,建立一个专门的绿色施工管理体系是必要的。这一体系并不意味着完全改变现有的项目组织结构,而是在现有结构基础上加入绿色施工的目标,确保能够明确相关责任和管理目标,以促进绿色施工的顺利进行。

在实践中,项目部需要成立一个专门的绿色施工管理机构,该机构负责协调和管理项目建设中所有绿色施工相关事务。该机构的成员应包括项目部的相关管理人员,并可以根据需要,引入建设方、监理方和设计方的代表,以便从多方面共同推进绿色施工的实施。

此外,对于执行绿色施工管理的项目来说,指定一名绿色施工专职管理员是必须的,这样可以确保绿色施工措施得到有效执行和监督。同时,各个部门也需要指派相应的绿色施工联络员,这些联络员将负责处理本部门内相关的绿色施工事务,确保各方面均能按绿色施工的要求行动。

通过这样的管理体系安排,可以保证绿色施工项目的各个环节都能得到适当的关注和管理,从而促进项目的绿色可持续发展目标的实现。

(二)绿色施工责任分配

在推进绿色施工项目中,明确和合理的责任分配对于确保项目的环保目标和可持续发展至关重要。这不仅涉及公司高层管理者的决策和支持,还包括项目经理、施工队伍、质量安全环保部门等多个层面的紧密合作和执行。

公司高层管理者承担着制定绿色施工战略、确立环保目标及监督执行的高度责任。他们需要为绿色施工提供明确的政策支持和必要的资源分配,确保整个组织对环保的承诺。

项目经理作为绿色施工项目的核心负责人,需要在项目的每个阶段贯彻绿色施工的原则,从项目规划、设计到施工和运维等环节实施具体的环保措施。同时,项目经理还需负责组织协调各参建方,确保绿色施工措施的有效执行。

施工团队和现场工人是绿色施工实施的直接执行者。他们需要遵守绿色施工的各项操作规范,比如合理利用材料、妥善处理施工废弃物、节约用水用电等,对于特定的绿色施工技术和方法,还需接受专门的培训。

质量安全环保部门则负责对绿色施工过程进行监督检查,评估绿色施工的实施效果,及时发现问题并提出改进建议,确保项目在环保、安全、质量等方面的要求得到满足。

此外,还需设立专门的绿色施工管理小组,负责绿色施工相关知识的传播、最佳实践的分享以及新技术的引入,推动公司绿色施工能力的持续提升。

通过这样层层分明、责任到人的管理体系,可以有效保障绿色施工项目的顺利进行,实现环境保护与建筑发展的双赢目标。

二、绿色建筑施工规划管理

(一)绿色施工图纸会审

绿色施工图纸会审是项目管理中至关重要的一环,它旨在通过多方参与的方式,确保施工图纸在绿色建筑方面的各项要求得到充分考虑和实现。此过程不仅涉及设计师、工程师和项目经理,还包括环保、安全以及相关专业人员的积极参与,共同审查图纸中的绿色施工元素,确保项目从设计到施工各环节的环保性和可持续性。

会审过程首先由项目经理组织,明确会审的目的、范围和要求,然后由设计团队出示施工图纸,详细介绍绿色设计理念、节能减排措施、材料选择、废弃物处理等方面的规划。随后,环保专家对图纸中的环境影响进行评估,提出优化建议,确保设计符合最新的环保标准和法规要求。

安全专员则重点审查施工过程中的安全保护措施,包括施工人员的健康保护、施工现场的安全管理等,确保绿色施工措施的实施不会带来安全隐患。同时,质量监控部门需要确认图纸中的绿色施工技术和材料能够满足项目质量要求,防止因追求环保而牺牲工程质量。

在会审过程中,各方需共同讨论图纸中的疑难问题,针对可能出现的挑战和问题提出切实可行的解决方案。此外,还应考虑到施工过程中的可操作性,确保绿色施工措施能够在实际操作中得到有效执行。

绿色施工图纸会审结束后,应形成会审记录,明确会审意见和修改建议,由设计团队据此对图纸进行调整和完善。通过这一过程,可以确保施工项目在环保、安全和质量方面的高标准要求得到满足,进一步推动绿色施工理念的实施和发展。

(二)绿色施工总体规划

1.公司规划

在决定实行绿色施工管理的工程项目上,公司需要进行全面的规划,以确保项目的顺利实施和达成节能环保目标。规划内容主要包括以下几个方面:

①材料设备管理:从公司的"绿色建材数据库"中筛选出距离项目500公里范围内的绿色建材供应商,为项目选材提供参考。同时,根据工程具体情况,从"绿色施工机械、机具数据库"中提供机械设备的选型建议。

②工程科技管理:收集周边在建工程信息,就工程临时设施所需的周转材料、临时道路建设材料以及可能产生的建筑垃圾的就近处理等问题,提出合理化建议。

③绿色施工目标设定:依据工程特点和参考类似工程的经验,对工程绿色施工目标进行合理化设定,并明确具体要求。

④人员配置和培训:针对需要持证的专业人员和特种作业人员,

提出配置要求和建议;并针对工程的绿色施工实施,提出基本的培训需求。

⑤资源和人员的统一协调:在公司范围内(条件允许的情况下可扩展到一定区域范围内),基于绿色施工的"四节一环保"原则,统筹协调资源、人员和机械设备,力求达到最佳的资源利用效率和节能效果,确保人员配置合理,机械设备协同作业。

通过这样的规划,公司可以确保绿色施工管理的有效实施,不仅符合环保和节能的要求,还能提高工程管理的效率和质量。

2.项目规划

在着手编制绿色施工专项方案之前,项目部需要对以下关键因素进行详细调查,并基于调查结果制定绿色施工的整体规划:

(1)原有建筑的状况

根据现场原有建筑是否需要拆除、保留或在施工中使用等不同情况,分别考虑拆除材料的再利用、原有建筑的合理利用以及专门的保护措施。

(2)现场树木的状况

对需要移栽、就地保护或暂时移栽的树木,分别制定相应的移栽和保护措施。

(3)周边地下管线及设施

制定保护措施,考虑施工期间的借用可能性,避免未来重复施工。

(4)竣工后的道路及地下管网规划

尽量使施工道路与规划道路重合,并考虑一次性施工到位,提前利用排水管网等,避免重复施工。

(5)是否为绿色建筑项目

如果工程旨在创造绿色建筑,考虑提前建造并使用某些绿色设施,如雨水回收系统。

(6)500km 范围内的主要材料分布

进行材料供应商的摸底调查,考虑运输成本和环境影响,提出可能的设计变更建议。

（7）相邻建筑的施工情况

调查周边是否有其他施工项目，探索在建筑垃圾处理、材料和设备使用等方面的合作机会。

（8）施工主要机械来源

基于环境友好和效率原则，规划机械来源，尽量减少运输能耗。

（9）其他

设计中是否有某些构配件可以提前施工到位，在施工中运用，避免重复施工。比如，在高层建筑中，消防主管可以提前施工并保护好，作为施工消防主管，避免重复施工。又如，在地下室，消防水池可以在施工中用作回收水池，实现楼面回收水的循环利用等。

首先是卸土场地或土方临时堆场：要考虑运土时对环境的污染和运输能耗等影响，因此距离越近越有利。其次是回填土来源：同样要考虑运土对环境的影响，距离越近越有利，但必须在满足设计要求的前提下选择。再者是建筑、生活垃圾处理：需要与回收和清理部门联系妥善处理。最后是构件、部品工厂化的条件：需要分析工程实际情况，判断是否可以采用工厂化加工的构件或部品；同时要调查附近是否有钢筋、钢材集中加工成型、结构部品化生产、装饰装修材料集中加工等的厂家条件。

（三）绿色施工专项方案

在项目启动之初，项目团队应基于充分的前期调研，制定出全面的绿色施工总体规划，并在此基础上，详细编制绿色施工的专项施工方案。该方案将对绿色施工的各个方面进行深入细化，确保施工活动的环保性和可持续性。

1. 绿色施工专项方案的核心内容

（1）组织结构与分工：明确绿色施工项目的组织机构，包括各责任人及其任务分配。

（2）具体目标：设定明确的绿色施工目标，包括节能、节水、节材、环保等具体指标。

(3)实施措施:详细规划实施"四节一环保"(节能、节水、节材、节地和环保)的具体措施。

(4)"四新"技术应用:列出将要采用的新技术、新材料、新工艺、新设备等,并包括技术来源、专家论证等信息。

(5)管理与评价措施:制定绿色施工过程中的评价和管理措施。

(6)设备与机械:提供主要设备和机械的清单,包括型号、生产厂家、生产年份等,确保符合国家环保要求。

(7)设施购置计划:列出专门为绿色施工购置或建造的设施清单,计算增值部分的费用及重复使用设施的分摊费用。

(8)人员组织安排:对每个部门、专业和分包团队的绿色施工责任人进行具体安排。

(9)现场布局:提供施工现场的平面布置图,包括绿色施工设施的标注,如噪声监测点等,并考虑动态布置以节约用地。

2.审批流程

该方案需经过严格的审批流程,通常包括项目级和公司级两级审批。由专职的绿色施工人员编制,项目技术负责人审核,并最终由公司总工程师审批。只有完成所有审批手续的方案,才能作为施工的指导文件。

此外,根据具体需要,可能还会组织专家进行方案的评审和论证,以确保方案的可行性和有效性。通过这一严格的编制和审批过程,确保绿色施工专项方案能够全面、有效地指导施工活动,推动项目的环保和可持续发展。

三、绿色建筑施工目标管理

绿色施工的实施管理中,目标管理扮演着核心角色。以下是对绿色施工目标管理的详细阐述:

绿色施工的目标制定应依据采纳的环保措施和相关标准如《绿色施工导则》《建筑工程绿色施工评价标准》(GB/T 50640 – 2014)、

《建筑工程绿色施工规范》(GB/T 50905-2014)等,同时结合施工现场的具体环境状况及项目团队以往的经验来设定。

这些目标应包含多个层次,既可以设立若干子目标支撑总目标,也可将单个一级目标细分为多个二级目标,形式和数目根据需要而定。每个工程项目的目标制定都需建立在科学合理、适应地理环境、考虑实际情况、易于执行的原则上。

在目标执行阶段,应采用动态控制策略对绿色施工的目标进行有效监控。即在施工过程中持续跟踪项目的进展,收集与绿色施工相关的实际数据,并定期将这些数据与既定目标进行比较分析。一旦发现目标偏差,应立即查明原因,并制定相应的调整措施,如有必要,应调整目标值以更好地适应实际情况。

此过程在整个工程施工中不断重复,以确保最终达成既定目标。纠正偏差的措施涉及组织调整、管理优化、经济激励和技术创新等多个方面。绿色施工的目标管理不仅包括"节能、节水、节材、节地"和环保五大方面,还应考虑经济效益,这些要素需在施工的各个环节中得到严格管理和监督,以确保绿色施工目标的实现。

四、绿色建筑施工实施管理

绿色施工专项方案及其目标制定完成之后,项目将进入实施和管理阶段,这要求对整个施工过程进行动态的、全面的管理和监督,确保从施工筹备到现场施工,再到工程验收各阶段都能按照绿色施工的要求执行。

实际上,绿色施工的实施管理核心在于对施工过程的控制和调整,目的是确保施工活动能够达成既定的绿色施工目标。简而言之,这一管理过程包括为了实现这些目标所采取的一系列具体施工措施。在绿色施工实施过程中,特别强调以下几个方面:

(一)完善的制度体系建立

为了确保绿色施工的有效实施,开工前应该制定出一套详细的专项方案,清晰界定各项目标,并在施工过程中实施各项措施和方法,确保施工按照预定方案进行,以实现预期目标。

(二)管理表格的全面配备

构建一套完整的管理制度框架是保证绿色施工顺利进行的关键。这不仅限制了不符合绿色建筑标准的行为,还指导实施各项绿色措施。由于大多数绿色施工目标都是可以量化的,因此,收集相关数据并定期与目标值对比,以便进行及时的调整,变得尤为重要。

此外,由于施工管理是一个持续变化的过程,因此需要为每一项绿色施工管理活动制定详细的管理表格,并确保其被正确填写和监控,这样才能有效评估绿色施工的成效。

(三)营造绿色施工氛围

绿色施工理念的普及尚需努力,因此需要通过宣传活动纠正职工思想,使他们认识到节约资源和环境保护的重要性。针对工程项目特点,有针对性地开展绿色施工宣传,营造绿色施工氛围。在施工现场设置环保标志和施工标牌,提高环境意识。

(四)增强职工绿色施工意识

施工企业应重视内部建设,提高管理水平和员工素质。管理人员应接受培训,然后对操作层进行培训,增强整体绿色意识。定期对操作人员进行宣传教育,要求他们严格遵守绿色施工措施,节约资源,文明施工,减少污染。

(五)借助信息化技术

信息化技术可作为绿色施工管理的辅助手段。施工企业已建立进度控制、质量控制、成本管理等信息化模块,可以在此基础上开发绿色施工管理模块,监督、控制和评价项目的绿色施工实施情况。

第六章　建筑产业现代化技术在绿色施工中的应用

第一节　建筑产业现代化概述

一、建筑产业现代化的时代背景与人才需求

（一）建筑产业现代化的时代背景

自改革开放起，我国建筑业迅猛发展，成为国家经济的重要支撑。但这个行业大体上仍是一个以劳动力为主的传统领域。面对十八大提出的新型工业化、城镇化、信息化等方面的良性互动与协同进步的战略目标和挑战，关于建筑业的转型和升级方向、目标设置及加快发展的问题亟待深入考虑。

在接下来的时期里，随着城市化速度加快，建筑业将面临市场需求持续增长的巨大机遇。当前，尽管我国建筑产量巨大，质量和效能方面却存在不足，普遍仍采用传统的手工生产方式，建筑业的现代化进程还处于起步阶段。面临低标准化、低工业化、低生产率、低科技贡献和高资源消耗、高环境污染等问题，这既对社会环境构成负担，也不符合新工业化和可持续发展的要求。因此，提高建筑业的现代化水平变得迫切。

社会和经济的可持续发展既是对传统建筑生产模式的挑战，也为建筑业现代化提供了新的机遇。我们应积极推动建筑业现代化，坚持走科技含量高、经济效益好、资源消耗低、环境污染少、充分发挥人力资源优势的新型工业化道路。

多年来，我国在推进建筑业现代化方面不断深化探索，住建部推动住宅产业化，通过产业化技术研究交流、修订标准规范、建立示范基地等措施，为建筑业现代化提供了坚实基础。全国各地建设部门通过实施相关政策和措施，推动产业化试点和示范项目建设，在技术

203

研发、标准规范、工程管理等方面取得了成效,积累了宝贵经验。北京、上海、沈阳、深圳、南京、合肥等城市在建筑业现代化方面取得了进展,得到了政府的重视和支持,为我国建筑业未来的发展提供了参考。

（二）建筑产业现代化的人才需求

为了推动国家建筑产业的现代化进程,关键在于培育和储备管理型、技术型以及复合型人才,这是确保其健康持续发展的重要基石。目前,建筑产业的现代化已经成为行业的主要发展趋势。然而,产业发展的一个主要障碍是缺乏专业技术人才。高等教育机构作为专业人才的培养基地,现已迫切需要结合行业的最新趋势和实际生产需求,提供先进的专业技术教育。

实现建筑产业现代化的目标是建立一个完善的产业链,包括投资融资、设计开发、技术创新、物流运输、销售管理等环节。在这个过程中,高校与整个产业链的密切合作是人才培养的关键。通过合作,可以培养出一批优秀的全职和兼职教师,制定人才培养计划、设计培养路径、优化学习和培养机制、调整专业结构、开发优质教材等,逐步满足产业链各环节对人才的需求。特别是通过参与重大工程项目和课题,培养和锻炼教师队伍,通过学术交流、合作研究、联合解决技术难题、提供专业咨询等方式,实现教师队伍的优化和强化,缓解目前产业发展迅速而人才成为瓶颈的局面,同时解决短期和长期人才培养与储备的问题。

培育建筑产业现代化所需的复合型人才是一个复杂的系统工程,它需要多方面因素的协同配合。我们需要关注建筑产业发展的实际需求,深化产教研合作,构建一个集教学、科研、企业三位一体的教育体系。树立"十年树木,百年树人"的观念,面对建筑产业现代化在人才方面的紧迫挑战,必须按照人才培养的规律,逐步建立和完善建筑产业现代化的复合型人才培养体系,合理平衡当前的人才短缺问题和长期人才储备的需求,为国家建筑产业现代化的健康和积极发展贡献力量。

二、建筑产业现代化的发展意义

我国的建筑业在漫长的发展历程中已经取得了显著的成绩,对社会和经济的发展起到了重要的促进作用。尽管如此,这一行业仍旧面对诸多挑战,如生产力的整体水平不够高、生产方法相对落后等,随着该行业的迅速发展,这些问题和矛盾逐步显露。这些挑战主要表现为大量的劳动力需求与人口红利的消失之间的矛盾、生产的质量与效率的低下与市场对高品质和高效率生产需求之间的矛盾、庞大的建筑需求与资源供应有限之间的矛盾,以及环境污染问题与绿色环保要求之间的矛盾等。这些问题已经成为制约建筑产业可持续发展的关键因素,如果不进行有效解决,将会对经济和社会的可持续发展带来影响。因此,迫切需要改变建筑产业的发展模式,实现产业转型与升级。

近年来,尽管我国在推动建筑产业现代化方面已经做出了一定的努力并取得了进展,但仍面临着发展体系不完整、缺乏明确的目标和顶层设计内容不够完善等问题,生产和经营方式多数仍采用传统方式。因此,系统地研究如何推进建筑产业的现代化成为了实现可持续发展和走上新型工业化道路的迫切需求。这对于加速建筑产业现代化步伐、解决现代化过程中遇到的种种问题以及推动建筑产业高质量发展具有十分重要的意义。

(一)建筑业转型升级的需要

随着经济与社会的持续进步,公众对建筑水准及服务品质的期待日益升高。同时,劳动成本的不断上涨使得传统建筑生产方式面临挑战,迫切需要向更现代的生产模式转变。在这种背景下,预制装配式建筑成为转型建筑产业发展模式的关键路径之一。装配式建筑不仅能够提高建筑行业的工业化水平,而且成为推动节能减排、提升建筑质量的有效途径,对于需求方、供应方乃至整个社会均带来了显著优势。尽管目前我国在推进装配式建筑方面还存在一些配套措施的不完善,这在一定程度上限制了其发展速度,但考虑到科技的不断进步和国家政策的逐步优化调整,装配式建筑的发展前景依然被看好,预期将成为未来建筑发展的主流趋势。

（二）可持续发展的需求

在可持续发展战略的引领下,构建资源节约型、环境友好型社会成为国家现代化建设的核心目标。这要求在资源利用、能源消耗、环境保护等方面设立更为严格的标准,使得建筑行业面临更多重大责任。作为全球新建建筑量最大的国家,我国传统建筑方式导致的建筑垃圾已超过城市固体垃圾总量的40%,城市建设加速也使得施工过程中的扬尘和废弃物问题日益严重,对环境造成了显著破坏。此外,我国建筑的建造和运营阶段能耗大约占全社会总能耗的40%。

面对这些挑战,推广绿色建筑,即在"全寿命周期"内最大限度节约资源、保护环境、减少污染、实现与自然的和谐共生,已成为建筑行业未来发展的关键方向。因此,加快建筑行业的转型升级,推动其向可持续发展方向进步,变得尤为迫切。

装配式建筑作为当前环境治理和施工改革的有效手段之一,以其可持续性特点受到高度关注。这种建筑方式不仅具有防火、防虫、防潮、保温等特性,而且在环保节能方面表现出色。随着国家对产业结构的调整以及建筑行业对绿色、节能建筑理念的推崇,装配式建筑越来越受到重视。作为建筑行业生产方式的一大变革,装配式建筑不仅符合可持续发展的理念,还是推动建筑行业发展方式转变的有效路径,同时也反映了我国社会经济发展的客观需求。

（三）新型城镇化建设的需要

《国家新型城镇化规划》由国务院发布,明确指出了推动新型城市建设的方向,强调了"适用、经济绿色、美观"的建设原则。规划要求提升城市规划水平,广泛开展城市设计工作,加快绿色城市建设步伐。特别强调对大型公共建筑以及政府投资的建筑项目,全面执行绿色建筑标准和认证流程,同时积极推广使用绿色新型建材、装配式建筑及钢结构建筑技术。

随着我国城镇化建设的加速,传统的建造方式已逐渐显露出其在质量、安全、经济等多方面的不足,难以满足现代化建设的发展要求。在这样的背景下,发展预制整体式建筑体系成为推动建筑行业从高能耗向绿色建筑转变的有效策略,不仅能加速建筑行业现代化的步伐,而且对于促进我国城镇化建设的快速进程具有重要意义。这种建筑方式不仅响应了可持续发展的国际趋势,还能实现资源节约和环境友好的目标,为建设生态文明社会贡献力量。

三、建筑产业现代化的实施途径

(一)政府引导与市场主导相结合

长期的发展和实践表明,无论是在建筑工业化、住宅产业化,还是近期强调的建筑产业现代化方面,我国建筑业在技术支持、资金投入和管理层面上基本上能够满足要求。但是,面临的最大挑战还是缺少一个由政府主导、政策支持的长期稳定机制。为了推进建筑产业现代化的实现,政府必须从战略层面进行考虑,承担宏观调控的角色,同时有效地结合政府引导和市场机制的作用,共同推动进程的发展。

市场在资源分配中存在局限,如盲目跟风现象,有时不能有效平衡社会的总供给与总需求,或是解决产业结构合理化的问题。政府的职责就在于通过制订和执行经济发展战略、产业规划、市场准入标准等政策措施,来调节这些矛盾和不平衡。此外,考虑到环境约束、信息不对等、竞争不充分、自然独占优势等问题,市场有时也难以有效处理公共产品供应和公平分配的问题,这时就需要政府的协调和调整作用。

关键在于市场机制有时会损害到公平和公共利益,因此政府需要制定相应的政策,创造良好的市场环境,进行市场监督管理,维护市场秩序,确保公平竞争,保护消费者权益,并提高资源分配的效率和公平。通过政府和市场的共同努力,才能有效推动建筑产业的现代化进程,达成可持续发展的目标。

(二)深化改革与措施制定相结合

为了促进建筑产业的持续发展与现代化,深化改革与措施制定变得尤为重要。面对建筑行业的传统生产方式、效率低下和环境污染等问题,需要从根本上转变观念,推进产业结构调整和产权制度改革。通过优化规划设计、项目审批、资金融资、材料生产和施工承包流程,实现资源的科学配置和合理分工,同时鼓励企业兼并重组,推动跨区域、跨行业合作,实现股权多样化。

紧接着,建筑产业的现代化还需坚持绿色发展理念,将绿色建筑的理念融入规划、设计、施工等全过程,注重建筑文化的传承与创新。此外,通过采用现代化的工业生产方式,改革传统的施工方法,强化工程管理,提升建筑产品的质量和生产效率。

加强中间投入,如建筑材料和设备的选择,关注节能减排,促进行业的可持续发展。利用信息技术,如 BIM 技术,提升项目管理水平,增强行业的信息化建设。同时,参考国际先进水平,科学制定和完善建筑产业的相关标准和规范,推动行业的健康发展。

通过深化改革与细致的措施制定,将推动建筑产业转型升级,走向现代化发展之路,实现经济效益和环境保护的双赢。

第二节　装配式建筑在绿色施工中的应用

一、装配式建筑技术体系

（一）混凝土结构技术体系

装配式混凝土结构因其施工速度快、制作精确、施工简化、湿作业减少或避免以及对环境友好等优点，已成为许多国家的重要甚至是主要的结构形式之一，未来在建筑行业的发展中将发挥重要作用。装配式混凝土结构的发展，表明建筑产业正在向现代化、高效率、绿色环保的方向转变。以下是几种主要的装配式混凝土结构体系：

1. 世构体系

该体系是一种预制预应力混凝土装配整体式框架结构，由南京大地集团从法国引进。它主要采用现浇或多节预制钢筋混凝土柱和预制预应力混凝土叠合梁、板，通过后浇部分连接成整体框架结构。世构体系适用于抗震设防烈度 6 度或 7 度的地区，建筑高度不超过 45 米。

2. 预制混凝土装配整体式框架（润泰）体系

该体系主要利用预制墙板构建整体式混凝土结构，配套使用多种预制构件，如保温外墙板、内墙板、楼梯等，通过灌浆套筒连接形成竖向承重体系，预制桁架混凝土叠合板底板同时兼作模板，通过浇筑混凝土叠合层形成整体楼盖。

3. NPC 结构体系

NPC 体系是南通中南集团从澳大利亚引进的装配式结构技术。该体系的竖向构件（如剪力墙、柱）采用预制形式，水平构件（梁、板）采用叠合现浇形式，通过预埋件、预留插孔等方式连接，形成整体结构体系。

4. 双板叠合预制装配整体式剪力墙体系（元大体系）

由江苏元大建筑科技有限公司从德国引进，特色在于竖向构件（如剪力墙）部分现浇，预制外墙模板通过玻璃纤维伸出筋与剪力墙一体浇筑。该体系通过预制墙体间的特殊连接方式,实现了高效的结构组合。

这些体系各有其特点和适用范围,共同推动着建筑产业向现代化、高效率、环保的方向发展,为建筑产业现代化技术体系的建设和实践提供了丰富的实践经验和技术支撑。

（二）钢结构技术体系

钢结构建筑采用工厂预制的型钢梁柱板等部件,通过吊装与锚栓或焊接方式在施工现场组装而成,具备轻质、抗震、环保、高工业化水平及显著的经济效益等特点。这种装配式钢结构的建筑方式不仅响应了我国"四节一环保"及建筑业持续发展的战略目标,也符合建筑产业现代化的需求,预示着住宅产业未来的发展方向。

钢结构的体系分为空间结构、住宅以及配套产业等多个系列。在我国,工业建筑和大型公共建筑领域已广泛采用钢结构。钢结构的发展主要表现在以下三个方面:

1. 轻钢门式刚架体系

这种体系成为工业和仓储建筑中大跨度结构的首选,几乎完全替代了钢筋混凝土框架或其他传统结构。

2. 空间结构体系

适用于需要大跨度的铁路站房、机场航站楼、体育场等建筑,充分发挥钢结构的轻质高强特性,满足了快速发展的经济和社会建设需求。

3. 外围钢框架结构体系

结合混凝土核心筒或钢板剪力墙,适用于高层及超高层建筑,在不同地震烈度区有不同的应用推荐。

就钢结构住宅而言,不同的体系适用于不同层数的建筑:三层以下建议使用框架体系或轻钢龙骨体系;四到六层建筑适宜采用框架支撑体系或钢框架—混凝土剪力墙体系;七到十二层建筑可以选用钢框架—混凝土核心筒体系或钢混凝土组合结构体系;而对于十二层以上的高层及超高层建筑,则推荐外围钢框架－混凝土核心筒结构或钢板剪力墙结构。钢结构住宅以其卓越的防震性能,成为优选的结构体系。

（三）竹木结构技术体系

轻型木结构体系起源于北美,如加拿大等地区,主要通过各种形式的组合构成墙体、楼盖和屋架。该体系以规格材和覆面板构成的轻型木剪力墙为主,优势在于整体性好和施工方便,适合民居和别墅等建筑。不过,该结构适用的跨度较小,难以满足大洞口和大空间的建设需求。

重型木结构体系包含以下几种类型:

1. 梁柱框架结构

分为框架支撑结构和框架－剪力墙结构两种。前者在框架结构中增加木或钢支撑以提升结构的抗侧刚度;后者则将梁柱构件组成的框架作为竖向承重体系,内嵌轻型木剪力墙作为抗侧体系,适用于大洞口、大跨度建筑,如会所、办公楼等。

2. CLT 剪力墙结构

CLT(Cross-laminated Timber)是一种由多层板材交错叠加胶合而成的新型构件,拥有出色的结构性能,适用于中高层建筑的剪力墙和楼盖。CLT 构件的尺寸和厚度可设计,可直接用于墙体与楼盖的装配,显著提升施工效率。不过,使用 CLT 剪力墙结构需要较多的木材。

3. 拱和网壳类结构体系

竹木结构的拱和网壳类结构体系在材料使用上与传统拱和网壳有所区别,适用于大跨度的体育馆、公共建筑和桥梁等。采用胶合木为结构材料,通过螺栓连接或植筋技术拼接成大跨度的拱或空间壳体结构,具备一定的适用跨度范围,选择合适的结构形式可根据材料的弹性模量限值决定。

二、关键技术研究

在现有技术体系的基础上,对装配式建筑关键技术开展相关研究工作,为我国建筑产业化深入持续和广泛推进提供强大的技术支撑。表6-1是关于装配式建筑关键技术研究项目和内容要点,这些研究成果及形成的有关技术标准能丰富我国装配式建筑技术标准体系。

表6-1　装配式建筑关键技术研究项目和内容要点

序号	关键技术研究项目	研究主要内容
1	装配式节点性能研究	①与现浇结构等效连接的节点——固支; ②与现浇结构非等效连接的节点——简支、铰接、接近固支; ③柔性连接节点——外墙挂板
2	装配式楼盖结构分析	①与现浇性能等同的叠合楼盖——单向板、双向板; ②预制楼板依靠叠合层进行水平传力的楼盖——单向板; ③预制楼板依靠板缝传力的楼盖——单向板
3	装配式结构构件的连接技术	①采用预留钢筋锚固及后浇混凝土连接的整体式接缝; ②采用钢筋套筒灌浆或约束浆锚搭接连接的整体式接缝; ③采用钢筋机械连接及后浇混凝土连接的整体式接缝; ④采用焊接或螺栓连接的接缝。
4	预制建筑技术体系集成	①结构体系选择; ②标准化部品集成; ③设备集成; ④装修集成; ⑤专业协同的实施方案

第三节 标准化技术在绿色施工中的应用

一、建筑信息模型技术概述

建筑信息模型(Building Information Modeling)是以建筑工程项目的各项相关信息数据作为模型基础,进行建筑模型的建立,通过数字信息仿真模拟建筑物所具有的真实信息。

它具有可视化、协调性、模拟性、优化性和可出图性五大特点。

(一)可视化

在建筑行业中,可视化技术的应用具有极其重要的意义。传统上,建筑从业人员依赖于施工图纸来获取构件信息,这些图纸通常只用线条来表达构件的信息,对于构件的实际形态,参与者需依靠自身的想象力来理解。尽管对于简单结构的理解这种方式或许可行,但随着近年来建筑形态的多样化和复杂度的增加,仅凭想象来把握建筑的全貌显然已不够现实。相比之下,建筑信息模型(BIM)技术提供了一种高效的可视化手段,它能够将传统的线条图转换为三维的立体图形,直观地展示在使用者面前。

虽然在设计阶段,制作效果图是常规操作,这些效果图通常由专业的团队根据设计方提供的线条图纸制作而成,并非基于构件信息自动生成,这就缺乏了构件间的互动性和反馈。而 BIM 技术提倡的可视化则是一种可以实现构件间互动和反馈的展示方式。在 BIM 环境下,整个项目的设计、建造、运营过程都依托于可视化,这不仅有助于效果展示和报表生成,更关键的是能够促进项目各阶段间的沟通、讨论和决策,从而大大提高工作效率和项目质量。

(二)协调性

在建筑行业中,协调性占据了极其重要的位置。不论是施工单位、业主还是设计单位,都在进行着协调和配合的工作。一旦在项目执行过程中出现问题,就需要组织相关人员召开协调会议,探究问题的根源,随后通过变更设计或采取补救措施来解决问题。这种事后协调通常会消耗大量资源。设计阶段由于专业设计师之间沟通不充分,经常会出现专业间的冲突,如管道布置时可能会与结构设计的梁等构件发生碰撞,这种在施工中常见的问题在协调时可能会增加成本。此时,建筑信息模型(BIM)的协调功能就显得尤为重要,它能在建造初期就发现并解决这类碰撞问题,提前进行问题的协调和解决。

（三）模拟性

模拟性方面,BIM 不仅限于构建建筑物的虚拟模型,还能够模拟那些在现实世界中难以直接操作的场景。例如,在设计阶段,BIM 能够进行节能、紧急疏散、日照分析、热能传递等多方面的模拟实验,为设计提供科学依据。进入招投标和施工阶段,借助 4D 模拟（即时间维度加入的三维模型）,可以确立最佳施工计划。BIM 还能进行 5D 模拟（即在 3D 模型基础上加入成本控制）,助力项目成本的精确管理。在建筑物运营阶段,BIM 有能力模拟常规及紧急情况下的操作,比如地震逃生路线、消防疏散等。

（四）优化性

优化性体现在设计、施工和运营的全过程持续改进中。借助 BIM,建筑项目的各个阶段都可以实现更有效的优化。优化过程受到信息的准确性、项目的复杂度和时间限制等因素的影响,准确的信息是实现合理优化的前提。BIM 提供了丰富的建筑信息,包括建筑物的几何形态、物理属性和规则信息,及其变化后的状态,使得在现代建筑复杂性增加的背景下,项目参与者可以依托科学技术和相应的工具来掌握所有必要信息。BIM 及其配套优化工具使复杂项目的优化成为可能。

利用 BIM 进行的优化工作包括但不限于:

1.项目方案优化

将设计方案与投资回报分析结合,实时评估设计变更对投资回报的影响,帮助业主基于全面了解不同设计方案对其需求满足度的影响进行理性决策。

2.特殊项目设计优化

在建筑设计和施工领域,裙楼、幕墙、屋顶和大空间等特殊设计项目因其独特性和复杂性,对设计精度和施工方案的要求极高。尽管这些项目在整个建筑中所占的比重不大,但它们往往需要较高的投资,工作量大,施工难度高,问题频发。这就要求设计和施工团队必须采取更为精细和优化的方案来应对挑战,以确保项目的工期和成本效率。

BIM(建筑信息模型)技术的应用,在这一背景下展示了其强大的价值。通过 BIM 技术,设计和施工团队能够在项目的早期阶段进行详细的设计模拟,识别并解决潜在的设计和施工问题。这种模拟性和优化性的应用,不仅可以提前预见和规避风险,还能够优化材料使用,精确控制成本,缩短工期。

特别是对于幕墙、屋顶这类对建筑美观性和功能性有着重要影响的结构,BIM 技术能够提供三维视角和动态分析,帮助设计团队更好地评估设计方案的可行性,同时,施工团队也可以利用 BIM 模型进行施工过程的模拟,确保施工方案的可行性和安全性。

因此,BIM 技术不仅优化了特殊设计项目的设计和施工过程,还显著提升了整个建筑项目的效率和质量。这种技术的应用,无疑为建筑产业的发展带来了革命性的进步,推动了整个行业向着更高效、更环保、更智能的方向发展。

(五)可出图性

建筑信息模型(BIM)技术不仅限于协助建筑设计单位完成设计图纸的绘制,其功能远不止于此。通过对建筑物的可视化展示、协调工作以及模拟优化等环节的应用,BIM 能够为业主提供以下重要图纸和资料:一是经过碰撞检测及设计调整后的综合管线图,确保了设计中的错误被及时纠正;二是包括预埋套管在内的综合结构留洞图,便于施工时的准确执行;三是碰撞检测的侦错报告及相应的改进建议方案,以便对设计中可能出现的问题进行及时修正。这些服务和资料极大地提高了项目设计的准确性和可行性,有助于确保建设项目的顺利实施。

二、建筑信息模型技术在绿色施工中的应用

一座建筑的"全寿命周期"应包括建筑原材料的获取,建筑材料的制造、运输和安装,建筑系统的建造、运行、维护以及最后的拆除等全过程。所以,要想使绿色建筑的"全寿命周期"更富活力,就要在节地、节水、节材、节能及施工管理、运营及维护管理五方面深入拆解这"全寿命周期",不断推进整体行业向绿色方向行进。

(一)节地与室外环境

节地不仅关系到施工用地的有效利用,还涉及建筑设计前期的场地分析以及运营管理阶段的空间管理。

1. 场地分析

场地分析是建筑设计和规划过程中的一个至关重要的步骤,它不仅决定了建筑的位置,更影响着建筑的空间布局、外观设计以及与周边环境的和谐共处。随着技术的发展,建筑信息模型(BIM)和地理信息系统(GIS)的结合为场地分析提供了更加精准和多维度的数据支持,使得建筑师和规划师能够从宏观和微观的角度全面考虑场地的潜力和限制,制定出更加合理和高效的设计方案。

第一,BIM 技术通过数字信息模拟建筑物的物理和功能特性,为设计和建造的全过程提供了一个三维的信息模型。这一模型不仅包含了建筑的几何形状,还涵盖了时间管理、成本估算、建设管理、项目运营等多方面的信息,为建筑项目的各个阶段提供决策支持。而 GIS则是一种集成各类空间数据和相关属性数据,对地球表面及其现象进行采集、存储、分析和展示的系统。它能够提供关于地形、地貌、土壤类型、植被覆盖、水文情况等多方面的信息,对于分析场地的自然条件和环境特征具有重要作用。

第二,将 BIM 和 GIS 相结合,可以实现建筑设计与地理环境之间的无缝对接。这种技术融合让建筑师和规划师能够在设计之初就充

分考虑到场地的自然特征、社会环境以及现有基础设施,从而制定出与环境共生共融的建筑方案。通过对拟建建筑的空间数据进行深入分析,可以评估不同地形的坡度,预测自然灾害的风险,识别地下水位和土壤条件,以及区分适宜与不适宜建设的区域。这一过程有助于优化场地的利用效率,降低建设成本,并提高建筑的安全性和舒适性。

第三,通过 GIS 进行的交通流量和可达性分析,能够为交通组织方案的制定提供科学依据。建筑师可以根据分析结果设计出便捷的交通路线,合理布局停车场和公共交通设施,有效缓解交通压力,提升人们的出行效率。

第四,在环境影响评估方面,BIM 和 GIS 的结合也发挥着重要作用。通过模拟建筑对周围环境的影响,如阴影效应、风向变化等,可以及时调整设计方案,减少对自然环境和周边建筑的不利影响,实现可持续发展的设计目标。

总之,场地分析在建筑设计和规划中占据着核心地位。通过 BIM 和 GIS 技术的综合应用,可以更加全面和深入地理解场地条件,为建筑项目的成功实施奠定坚实的基础。这不仅有助于提升建筑的功能性和美观性,更能确保建筑项目与自然环境和社会环境的和谐共生,实现真正意义上的可持续发展。

2. 土方开挖

在现代建筑项目中,通过场地综合模型在三维环境下进行的挖填分析,为施工准备阶段提供了前所未有的精确度。利用这种技术,项目团队能够直观地分析场地的挖填状况,这不仅增强了对场地现状的理解,还极大地优化了施工计划的制定。

通过比较原始地形图与规划后的地形图,项目团队可以详细计算出各个区块在施工前后的高程变化,包括原始和设计高程、平均开挖深度。这种分析使得挖填量的估算更加精确,为材料采购、设备调配以及施工过程中的资源管理提供了重要数据。

此外,精确的挖填分析还有助于识别潜在的施工挑战,比如地下水位、岩石分布情况等,使得团队能够提前规划应对措施,避免施工中的延误和额外成本。简而言之,场地综合模型在三维环境中对挖填状况的直观分析,不仅提升了施工效率,也确保了项目成本的有效控制,为现代建筑项目的成功实施提供了坚实的基础。

3. 施工用地

随着建筑项目的规模不断扩大,其结构和施工过程的复杂度也日益增加,传统的项目管理方法已经难以满足现代建筑业的需求。为了解决这一问题,建筑信息模型(BIM)技术的4D施工模拟成为行业内的一大创新。4D施工模拟技术通过将时间信息(即第四维度)集成到BIM模型中,提供了一个动态的施工进程可视化工具,从而极大地提升了项目管理的效率和效果。

第一,利用4D施工模拟技术,项目管理团队能够在建设过程中制定更为合理的施工计划。通过模拟不同阶段的建设活动,管理者可以提前识别潜在的冲突和问题,比如材料供应的延迟、劳动力分配的不均衡,或是施工过程中可能出现的安全隐患。这样,团队可以在问题发生之前就进行调整和优化,避免可能的延误和成本超支。

第二,4D施工模拟技术还能够精准控制施工进度。通过实时更新的模型,项目管理者可以清晰地看到项目进展与计划之间的差异,及时做出调整来确保项目按时完成。这种高度的可视化还有助于提升团队成员之间的沟通效率,因为每个人都能直观地理解项目的当前状态和即将进行的工作。

第三,在资源配置方面,4D施工模拟提供了一个强大的工具,帮助管理团队优化人力、机械和材料的使用。通过预测特定时间点的资源需求,项目管理者可以确保资源的有效利用,避免浪费,同时也能减少现场的拥堵现象,提升施工效率。

第四,科学规划场地布局是另一个4D施工模拟技术的应用亮点。通过模拟整个建设过程,项目团队可以在施工开始前就对场地进行有效规划,比如确定最佳的材料堆放区、施工设备的摆放位置以及临时道路的规划。这不仅有助于提高场地利用效率,还能确保施工现场的安全和顺畅。

总的来说,4D施工模拟技术的应用,让施工项目管理变得更加科学和高效。通过精确的施工计划、进度控制、资源配置以及场地布局规划,不仅显著提升了施工效率,还有助于节约用地资源,减少环境影响。在建筑行业日益追求高效率、低成本和可持续发展的今天,4D施工模拟技术无疑是推动行业进步的重要力量。

4. 空间管理

在建筑物的运营阶段,有效的空间管理对于降低运营成本、提高空间利用率以及为终端用户提供舒适的工作和生活环境至关重要。随着技术的发展,建筑信息模型(BIM)技术已成为支持这一目标的关键工具。BIM不仅在建筑设计和施工阶段发挥作用,在运营和维护阶段同样能提供巨大的价值,特别是在空间管理方面。

第一,BIM技术能够提供一个详尽的三维建筑模型,这个模型不仅包括了建筑物的物理结构,还包含了空间使用的详细数据。通过利用这些信息,管理团队可以实时地记录和分析空间的使用情况,从而发现未充分利用的空间,识别改进空间配置的机会。这种精确的空间利用分析有助于管理者制定出更加科学的空间规划策略,以最大化每一平方米的价值。

第二,BIM技术还提供了强大的空间变更管理功能。随着企业发展和组织结构的变化,空间需求也会发生变化。BIM模型可以快速响应这些变更请求,通过模拟不同的空间配置方案,帮助管理者评估变更对现有空间布局的影响,确保空间调整既能满足新的需求,又能保持高效的空间利用。这种灵活性和响应能力对于维持建筑物长期价值和用户满意度来说是至关重要的。

第三,通过合理规划和分配建筑空间,BIM技术还能够确保空间资源的高效利用。管理团队可以利用BIM模型进行详细的空间规划,包括对办公区域、会议室、休息区等不同功能区域的合理布局。这不仅能够提高空间的使用效率,还能优化建筑内的流动路径,减少拥挤,提升终端用户的工作和生活体验。

第四,BIM 技术支持对建筑运营数据的集成,包括能耗数据、维修记录和空间使用模式等。这些数据的分析可以为进一步的空间优化提供科学依据,帮助业主和管理团队不断改进空间管理策略,降低运营成本,同时提升建筑物的可持续性和用户满意度。

总之,通过 BIM 技术的应用,业主和管理团队可以实现对建筑空间的有效管理,不仅能降低空间成本、提高空间利用率,还能为最终用户营造更加舒适和高效的工作生活环境。这标志着建筑信息模型技术在建筑物全生命周期管理中的关键作用,展示了其在提升建筑运营效率和终端用户满意度方面的巨大潜力。

(二)节能与能源利用

在全球范围内追求可持续发展的当下,绿色建筑的概念已经深入人心。作为推动这一概念实现的强大工具,建筑信息模型(BIM)技术在节能和环保方面的应用显得尤为重要。BIM 技术通过高效精确的设计和施工管理,促进了建筑资源的节约和循环利用,同时也帮助建筑在其整个生命周期中实现低碳发展。具体地,在节能和环保方面,BIM 技术的应用体现在两个主要方面:首先,BIM 技术通过高度的数据集成能力,为建筑资源的循环利用提供了有力支持。它能够在设计阶段就考虑到建筑的水能循环、风能利用和自然光照射等方面,帮助设计师选择合适的结构形态和材料,以达到最佳的能源效率。例如,通过模拟不同材料和结构对建筑内部光照和温度的影响,BIM 技术可以指导设计师优化建筑的窗户位置和大小,从而减少对人工照明和暖通空调系统的依赖,实现能源的节约。其次,在建筑的建造和运营阶段,BIM 技术同样展现出其减排潜力。通过精细化的施工计划和管理,BIM 技术可以有效缩短建设周期,减少现场施工过程中的资源浪费。此外,BIM 模型能够在运营阶段持续提供对建筑性能的监控和分析,帮助管理者发现并实施节能减排的措施,如优化能源使用模式、提升设备效率等,以确保在满足使用需求的同时最小化资源消耗和环境影响。

通过这些具体应用,BIM 技术不仅促进了建筑资源的有效利用,还为建筑行业的绿色转型提供了实践路径。在节能减排、提高资源使用效率的同时,BIM 技术还为建筑项目的持续优化和管理提供了强有力的支撑,是推动绿色建筑发展不可或缺的工具。随着技术的不断进步和应用的不断深入,BIM 技术有望在全球范围内进一步促进绿色建筑的发展,为实现可持续发展目标作出更大贡献。

1. 方案论证阶段

在当今建筑行业中,BIM(建筑信息模型)技术已成为投资方、设计师和施工团队之间沟通和协作的桥梁。特别是对于投资方而言,BIM 技术提供了一个前所未有的机会,可以在项目投资前期对设计方案进行全面和深入的评估。这种评估不仅覆盖了建筑的基础布局和结构安全性,还细致到视野、照明、声学、纹理、色彩以及规范的遵循情况,确保了设计方案的全面性和细致性。

通过 BIM 和 Revit 等软件创建的模型,投资方能够以三维的形式查看建筑设计,从而更加直观地理解设计意图和项目潜在的挑战。这些模型不仅可以展示静态的设计方案,还能通过模拟分析展现建筑在不同环境条件下的表现,如日照分析、能耗模拟等,从而评估建筑的生态性能和可持续性。

此外,BIM 技术还使得生态设计分析成为可能。通过集成多方面的数据和参数,如自然光照、通风、材料选择等,BIM 模型能够帮助设计团队开展更为精细的生态设计分析,将建筑设计与生态设计紧密结合。这不仅有助于创造出既美观又功能性强、对环境影响小的建筑,还能够确保设计方案的动态性和有机性,满足现代社会对绿色、健康、舒适建筑空间的需求。

通过 BIM 技术的应用,投资方可以在项目初期就迅速识别设计和施工中可能遇到的问题,有效避免后期的修改和返工,从而节约成本和时间。这种技术的应用,不仅提升了设计方案的质量和实施的效率,还为投资方提供了强有力的决策支持工具,确保项目投资的高效率和高回报。随着 BIM 技术的不断发展和完善,其在建筑设计和评估过程中的作用将越来越重要,成为推动建筑行业发展的关键力量。

2.建筑系统分析

这一过程通过衡量建筑性能,如机械系统运作、能耗、内外气流模拟、照明和人流分析等,来满足业主的使用需求和设计规定。BIM 技术结合建筑系统分析软件,避免了模型重建和参数采集的重复工作,通过分析和模拟验证建筑是否按照特定设计规定和可持续标准建造,并据此调整系统参数或改造计划,提升建筑性能。

总的来说,BIM 技术支持可持续设计分析,帮助在建筑建造前实现材料成本控制、节水节电、建筑能耗减少和碳排放降低等目标,后期还能进行雨水收集和太阳能采集量计算、建筑材料老化更新的合理化工作。在推动绿色环保理念的当下,建筑行业正逐渐转向使用更实用、清洁、有效的技术,以最小化能源和其他自然资源的消耗,实现产生最少废料和污染物的技术系统。BIM 的模拟功能不仅限于设计阶段的建筑模型模拟,还扩展到无法在现实世界操作的事物的模拟实验,如节能、紧急疏散、日照和热能传导模拟。此外,BIM 还能在招投标和施工阶段进行 4D 模拟以优化施工方案,并在后期运营阶段模拟紧急情况处理,如地震逃生和消防疏散模拟等。可以预见,建筑信息模型技术将引领绿色设计的新革命,促进整个建筑行业向资源优化和整合迈进。

第七章　绿色建筑的智能化发展

第一节　绿色公共建筑的智能化

一、绿色公共建筑的智能化分析

(一)公共建筑的业态分类

公共建筑依据业态类型主要分为以下几类:

①办公建筑:政府行政办公楼、机构专用办公楼、商务办公楼等;

②商业服务建筑:商场、超市、宾馆、餐厅、银行、邮政所等;

③教育建筑:托儿所、幼儿园、学校等;

④文娱建筑:图书馆、博物馆、音乐厅、影院、游乐场、歌舞厅等;

⑤科研建筑:实验室、研究院、天文台等;

⑥体育建筑:体育场、体育馆、健身房等;

⑦医疗建筑:医院、社区医疗所、急救中心、疗养院等;

⑧交通建筑:交通客运站、航站楼、停车库等;

⑨政法建筑:公安局、检察院、法院、派出所、监狱等;

⑩园林建筑:公园、动物园、植物园等。

公共建筑和居住建筑同属民用建筑,民用建筑和工业建筑合称建筑。大型公共建筑一般指建筑面积 2 万 m² 以上的公共建筑。

随着社会的发展、经济的增长及城市化进程,我国公共建筑的面积日趋扩大,目前既有公共建筑约 40 亿 m²,每年城镇新建公共建筑约 3 亿～4 亿 m²。据部分大中型城市的能耗实测资料显示,特大型高档公共建筑的单位面积能耗约为城镇普通居住建筑能耗的 10～15 倍,一般公共建筑的能耗也为普通居住建筑能耗的 5 倍。公共建筑能源消耗量大,且浪费严重。

(二)绿色公共建筑的特点

1.办公建筑

办公建筑作为现代城市的重要组成部分,不仅体现了前沿的设计理念和科技成果,也是城市活力和创造力的象征。然而,一些现代办公建筑设计中却忽略了"人本"原则和与自然和谐共生的理念,导致了诸如"城市热岛效应"和"光污染"等问题。在这种背景下,绿色办公楼的理念应运而生,旨在应对环境破坏和能源危机的挑战。

绿色办公楼主要体现在以下几个方面:

(1)舒适的办公环境

随着人们生活质量要求的提升,优化工作生活环境、提高生活质量成为设计重点。这包括良好的空气质量、适宜的温湿度条件、良好的视觉和声音环境等。

(2)与生态环境的融合

充分利用自然光和通风,创造一个健康舒适的环境是绿色办公楼的重要特征。长时间处于人工环境中的人们容易产生疲劳、头痛等症状。因此,现代办公楼设计中应重视自然光和通风的引入,并与技术手段相结合。

(3)自调节能力

绿色办公楼应具备调节内部光照、通风、温湿度的能力,同时具有自我净化功能,尽可能减少污染物排放,涵盖污水、废气、噪声等方面。

通过实践这些特征,绿色办公楼旨在提升办公环境的舒适性和健康性,同时减轻建筑对环境的影响,促进建筑与自然的和谐共生,为应对全球环境挑战贡献力量。

2.医院

医院扮演着在维护人类健康和延续生命方面不可或缺的角色,其独特的服务功能对环境的健康提出了极高的标准,同时也让医院与环境之间的相互作用变得更加复杂。虽然传统医院设计主要满足了基础功能和管理需求,但医疗环境本身却面临诸多挑战。人们对医院的诸多不满可能与医务人员的专业素养和医院管理模式有关,然而,建筑设计的问题却常常被忽略。因此,医院建筑亟须与时俱进,融合绿色建筑的理念,实现绿色转型,以在环境中找到其合理的定位,并与周边系统和谐共生。

此外,医院的设计理念已从仅关注生理健康扩展至心理和社会适应性,通过建筑设计创造舒适和愉悦的空间,减少患者与医院之间的心理隔阂,通过注入温暖的设计元素,改变人们对医疗设施"冷漠机械"的传统看法,为人们提供一个宁静和谐的环境。

绿色医院的设计应遵循以下原则:

①以人为本:人性化设计不仅关注于提供舒适的空间和微气候,同时重视促进心理和生理健康,赋予使用者调节和改变室内环境的能力。

②与自然和谐共存:充分利用自然资源和能源,采取环保措施来处理人流和物流的交叉问题以及医疗废物,使用绿色建材以降低对环境的污染,同时保证建筑的防潮、隔热和安全性。

通过实现这些设计原则,绿色医院不仅为患者和医务人员提供了一个更健康、更舒适的环境,同时也展现了对环境责任的承担,引领着医院建筑朝着更可持续、更人文的方向发展。

3.学校

学校作为培育人才的重要场所,其建筑不仅代表了文化象征,也承载了人文环境的深层次要求。这要求学校建筑不仅要与周围环境和谐共生,而且要继承历史与文化。随着我国教育水平的普遍提升和资源及环境问题的日益凸显,对学校建筑提出了新的挑战,即如何实现建筑节能与校园环境保护,构建绿色校园。为此,相关部门提倡建立长效机制,推动节能校园的建设,促进绿色校园的发展。

绿色校园的主要特征包括:

(1)良好的环境条件

绿色建筑的目标是通过自然采光和通风改善室内空气质量,为师生提供一个健康、舒适和安全的环境。这不仅关乎学生的身心健康,而且直接影响到学习效果。研究显示,自然光照的学习环境能够促进学生健康,增加学生的出勤率,同时,良好的自然光照还能降低噪音,提升学生的心情。

（2）建筑功能的差异化设计

由于学校建筑的功能需求各异，如图书馆、教室、实验室等，因此在设计时需要针对不同功能采取不同的绿色建筑策略。例如，图书馆和教室可能需要更好的采光和通风设计，而大型实验室则更注重能源消耗的管理。这种差异化设计旨在满足各种功能需求的同时，确保整体的绿色环保标准。

通过这些设计思路和措施，学校建筑不仅能提供更优质的学习和生活环境，还能体现出对环境保护和资源节约的责任感，使校园成为促进学生全面发展和环境可持续发展的绿色空间。

4.商场

商场作为人流密集且设备众多的公共建筑，特点是建筑面积大、耗能高。由于商场通常日夜运营，且几乎全年无休，单位面积的耗电量和年总耗电量均远高于其他类型的公共建筑，这使得商场在节能方面拥有极大的潜力。因此，打造绿色商场，实现节能与舒适并存，成为迫切需要解决的问题。

绿色商场的构建应侧重于以下两大特点：

（1）舒适与节能兼顾

保证室内环境的舒适健康对人们的生活质量至关重要，但这并不意味着要以牺牲舒适为代价来实现节能。例如，适当调节商场冬季的室内温度，使顾客穿着外套也能感到舒适，既可以节约能源又能为顾客提供方便。调查显示，冬季商场室温维持在 $15\sim18℃$，能够实现顾客的舒适感和节能效果的平衡，这需要根据不同地区的冬季气温来适当调整。

（2）私利与公利并存

过去的商场建筑研究往往聚焦于商业空间的内部布局和外观设计，忽略了室内环境质量的研究。作为盈利性建筑，商场的节能需求往往与经营模式存在冲突，难以取得理想的节能成效。因此，平衡商家的利益与消费者的公共利益，是实现绿色商场的关键。

综上所述,绿色商场的建设不仅是技术上的革新,也是对传统商场经营理念的挑战和刷新。通过科学合理地调整和规划,绿色商场既能满足消费者的舒适需求,又能实现节能减排的环保目标,促进商场可持续发展。

(三)绿色公共建筑的设备及设施系统

自 2005 年我国着手制定绿色建筑标准以来,虽然一开始相关的具体规则尚未完全确定,但是对于绿色建筑的基本理念已经形成了共识。这一理念强调在建筑的整个生命周期中,应尽可能在不损害条件的前提下,最大化地节约资源(包括能源、土地、水资源和材料等),保护环境,减少污染,同时提供给人们一个安全、健康、适宜的居住或工作空间,实现建筑与自然的和谐共生。

针对公共建筑的特点,构建绿色公共建筑的主要目标可以概括为以下三个方面:

第一,提供优质服务:确保安全、舒适、便捷的服务质量,满足使用者的需求,提升使用者的满意度。

第二,实现低碳节能:通过采取有效措施,大幅降低能耗,减少温室气体排放,降低运行成本,同时注重减少对自然资源的消耗和人工成本的投入。

第三,建立科学管理机制:发展和应用先进的管理理念和技术,建立科学的综合管理系统,提高建筑运行的效率和可持续性。

通过以上目标的实现,绿色公共建筑不仅能够提升公众的生活质量,而且对于推动社会整体的可持续发展具有重要意义。在未来的发展过程中,继续深化和完善绿色建筑的标准和实践,将是提升建筑行业可持续发展能力的关键。

下文简要介绍绿色公共建筑的设备和设施系统。

1. 总体设计思路

为响应公共建筑绿色节能的需求,建立一个全面的管理系统成为关键举措。智能楼宇能源管理体系(EMB)是这样一个管理平台,它集环境控制、照明节能、电动扶梯和循环水泵节能以及暖通空调风机节能等多功能于一体。通过一个统一监控平台及一个可靠的能量管理系统，EMB能够实现能源的全面管理。该系统通过分析和共享数据，加强能源使用设备的监管，并引导节能措施的有效实施，旨在创造一个绿色、安全、舒适的居住环境，并最大化节能效益。

EMB系统在绿色建筑的能耗数据实时采集、管理、监控和辅助决策方面有广泛应用，其主要特点包括：

第一，实现能源使用的集中监控和管理，解决能源分散管理的问题；

第二，提供一个完整的能源计量体系和健全的能耗统计机制，包括自动化采集、计量和统计核算等一系列功能；

第三，提供能耗分析和异常预警提示，帮助明确节能方向和系统化节能措施；

第四，通过多部门协作建立能源平衡机制，将电机设备的日常运行管理纳入控制，促进工作成员间的有效沟通和协作，为能源管理和审计提供全面功能。

EMB的架构设计主要由总控中心(SC)、区域中心(SS)和采集单元(SU)三部分组成，可根据各企业的实际运营模式和管理要求灵活配置。通过基于广域网的Browse/Server(B/S)模式建立网络，形成树状的阶层分布式网络结构，有效解决了大容量数据传输的问题，为公共建筑提供了一个高效、灵活的能源管理解决方案。

2.暖通空调节能

在公共建筑中，由于暖通空调系统的能耗占据了整体能耗的40%到60%，采取节能措施显得尤为重要。目前，普遍存在的情况是设备超负荷运行，导致能源大量浪费。为了改善这一状况，主要的节能改造技术手段包括：

(1)冷冻机组智能控制

通过末端需求反馈，动态调整冷冻机组的运行数量，确保其在最佳效能比状态下工作，降低能耗，预期能实现10%至15%的能效提升。

（2）水泵变频调节

利用变频技术和 PID 控制,根据负荷变化自动调整冷却水流量,确保系统高效运行,最大限度地减少能源消耗。

（3）变风量(VAV)系统

针对人群密集的大型公共建筑,通过新风和排风系统的热交换,降低新风温度,减少制冷需求,同时改善室内空气品质。

（4）照明节能设计

在不牺牲照明效果的前提下,通过更换高效节能灯具、采用 LED 照明、安装照明控制系统等措施,达到节能效果。

（5）更换高效节能灯具

替换现有的荧光灯等照明设备为稀土三基色节能灯,提高照明效率和寿命,虽成本较高但长期使用中可节省费用。

（6）使用 LED 节能灯

LED 灯具以其高效率、长寿命和可频繁开关的特点,成为绿色建筑发展的趋势,其耗电量和光衰性能优于传统照明设备。

这些措施不仅能有效降低公共建筑的运行成本,还能促进建筑行业的可持续发展。

3. 安装照明省电器

省电装置通过应用高磁导材料和独特的绕线工艺,根据电器和照明设备的最佳运行状态进行设计,利用自耦变压器技术对电压进行反馈和调整,以达到最佳的电力补偿效果。该技术能够优化二次侧的视在功率(kVA)、有功功率(kW)和功率因数(PF),补偿主绕组的电力损耗,为用电设备提供最稳定和最经济的工作电压。通过这种方式,既能节省电能,提高能效,节电率可达 10%(降低 5V),又能有效延长灯具和电器的使用寿命,增长 1.5 至 2.8 倍。安装此类照明省电器,不仅可以稳定电压、滤除电网杂波、提高功率因数,还能实现节能和延长设备使用寿命的双重效益。

4.建设照明智能控制系统

照明自动控制系统能够对建筑内的照明设施进行智能化管理和控制,支持与建筑自动化系统(BA 系统)的联网,实现远程监控、设备自动操作、自动读表计费以及自动生成报表的功能。该系统能依据实际光照强度或人流情况智能调整照明,支持计算机集中管理,提升管理效率,并可通过遥控进行操作。虽然系统较为复杂,运维需要较高技能的人员,主要目标是提升管理效率,其节能效果相对有限,但在一定程度上仍能实现节能目的。

5.电扶梯节能

电梯作为公共场所常用的能耗大户,其节能潜力显著。通过应用变频技术,可在不牺牲设备性能的前提下,通过减少电动机的运行频率来达到节能目标,同时具备正反两方向转换、自动开关机、平缓启停及流量统计等多种功能。其节能的关键优势包括:

①在确保设备正常工作的基础上,通过调节输入电压来降低能耗;

②为设备提供更加稳定的工作电压,从而提高电力使用的质量;

③有效减少设备运行时的发热现象,减少维护频次,延长设备的使用寿命;

④对大多数使用设备能够提高功率因数(大约提升 $4\% \sim 6\%$),进而实现节省电力成本的效果。

6.新能源的利用

太阳能光伏发电成为绿色建筑利用太阳能的一项关键技术。光伏建筑(BMPV),亦即将太阳能发电系统集成于建筑之中的实践,按照我国的分类,分为安装型(BAPV)和构件型(BIPV)。与狭义的 BIPV 相比,安装在建筑上的光伏系统(BAPV)在当前的绿色建筑项目中更为广泛应用,尤其是在屋顶安装光伏发电系统是一种常见做法。

7.光伏建筑一体化设计

光伏建筑一体化(BIPV)意味着光伏发电系统与建筑的幕墙、屋顶等外围结构系统融为一体,既承担围护结构功能,又能发电供建筑使用。其特点包括:

①一体化设计,使光伏电池成为建筑的一部分,从而节约光伏电池的建设成本。

②有效利用太阳辐射,对于土地资源紧张、价值高昂的城市特别有益。

③光伏系统产生的电力优先供本建筑使用,实现了就地发电、就地利用,避免了电网建设的成本及输电损耗。

④BIPV系统可在夏季用电高峰期吸收太阳辐射并转化为制冷设备所需的电能,有助于缓解电力供需矛盾,具有显著的社会效益。

⑤采用新型建筑围护材料,不仅降低了总体建设成本,还为建筑增添了视觉吸引力。

⑥相比化石燃料发电,显著减少了环境污染,符合当前及未来对环保的高要求。

⑦BIPV系统产生的电力可供建筑内部公共设施使用,有效降低建筑的运营能耗。

8.屋顶光伏发电设计

BAPV系统以其能按照最优或近似最优角度设计、采用性能卓越且成本相对低廉的标准光伏模块、安装便捷高效等优点,成为光伏投资者的首选方案。随着新建建筑的增长速度远不及光伏技术的发展速度,现有建筑变成了光伏发电系统安装的主要场所,这使得BAPV系统在当前市场上占据了主导地位。

屋顶太阳能发电系统大多采用并网型交流供电方式。该系统将太阳能产生的电力与公共电网相连接,以便于向用电设备供电。在公共电网停电的情况下,为避免太阳能供电系统因过载而受损,直流/交流转换器会自动停止输出。当所需电量小于太阳能系统的产出时,系统既可以为用电设备供电,也可以将多余电力反馈至电网(即向电力公司销售电力)。而当太阳能系统所产电量不足以满足需求时,则全部电量用于供电,剩余需要由电网补充(即向电力公司购买电力)。

对于屋面太阳能发电项目,面对安装空间限制或场地成本较高的情况,应优先选择标准化、高效率的单晶硅或多晶硅太阳能板。

二、绿色公共建筑中的智能化应用

绿色建筑不仅能减轻对地球环境的影响,还能为居住和工作的人们带来更健康、更长久的生活。为了创造一个健康、舒适、环保且高效的工作环境,需要利用各种设备与系统,并构建一个智能化管理平台。这样的平台通过应用智能控制技术于绿色建筑中,根据实时的负载变化,采用多样化的自动控制策略进行系统调整,以实现系统的最优化运行,从而达到节约能源、延长设备寿命的效果。通过对建筑内部各种设施的实时监控、控制与自动化管理,实现环保、节能、安全、可靠及集中管理的终极目标。

(一)智能化控制应用范围

1. 实时负荷响应

依据绿色建筑的实时负荷情况,对冷热源主机及空调系统设备进行动态调整,旨在满足室内舒适度的同时,达到能源利用的最大化。暖通空调自动控制系统涵盖了冷热源(如制冷机组、锅炉等)、水泵(包括冷冻水泵、冷却水泵、热水泵、补水泵等)、冷却设施(冷却塔、冷却井等)、末端设备(新风机组、空调机组、风机盘管等)以及各类风机、阀门的精准控制。

2. 灵活照明调节

通过智能化手段对照明系统进行高效管理,使大型绿色建筑内的照明系统在确保光照质量的基础上,实现节能及更具艺术感的照明效果。这包括:灯光的自动定时开关、依据光照强度自动开关灯、自动调节亮度以及切换不同预设灯光场景。

3. 智能化电气设备控制

针对电气设备的智能化管理,旨在提升电力使用效率和质量、实现自动扶梯等设备的节能控制,以此提高电力系统的整体运行效率和安全性。

(二)控制策略

1. 温度调节策略

在室内空气调节方面,标准设定的室内温度一般为 25℃,相对湿

度维持在 $40\%\sim65\%$。基于节能的考虑,国家政策规定公共建筑夏季室内温度不低于 $27℃$。《采暖通风与空气调节设计规范》推荐,冬季室内温度应保持在 $16\sim20℃$,夏季则为 $24\sim27℃$。按照这一准则,温度控制分为:动态跟踪模式,即根据外界温度的变化智能调节室内温度目标值,以动态方式调整室内温度,确保运行效率和控温效果最优化;固定温度模式,则依据设定的室内温度目标进行温度控制。

2. 新风调节策略

新风系统的调节在某种程度上与季节性温度控制相似,其目的是为了在确保能源效率的同时,为建筑内部提供舒适的环境条件。人们在夏季感觉最为舒适的温度范围是 $19\sim24℃$,冬季则是 $17\sim22℃$,而舒适的相对湿度大致在 $20\%\sim60\%$ 之间。在室外温湿度条件良好时,引入大量新风可以有效改善室内空气品质,并且对空调系统的能耗有显著的降低作用。但是,当室外温度过低(低于 $5℃$)或过高(超过 $32℃$)时,建议不要引入新风进行调节(此时新风控制权完全依赖于 CO_2 浓度控制)。

3. 预冷和预热策略

在夏季期间,可以在凌晨 2 点开启空调系统半小时,以实现新鲜空气的引入和室内污浊空气的置换,从而提前对室内进行降温。

4. CO_2 控制策略

CO_2 是衡量空气质量的重要指标,为了在节能的同时提供健康的环境,需对 CO_2 进行监测与调节。人类生活的大气中的 CO_2 含量为 21%,CO_2 含量为 0.03%。当空气中 CO_2 含量大于 0.1% 时,人们就会感觉疲倦、注意力低下;当室内 CO_2 含量在 $0.1\%\sim0.15\%$ 时,人们就会胸闷不适。要提供一个温度适宜、空气清新的环境,就要求中央空调对室内温度、CO_2 含量进行准确、合理控制。通过公共建筑不同区域布置的 CO_2 传感器采集的 CO_2 浓度值调整新风阀门开度引进不同新风量,将室内 CO_2 浓度控制在设定标准内(0.1%)。

第二节　绿色住宅建筑的智能化

一、住宅建筑及其分类

住宅建筑(residential building),指供家庭居住使用的建筑(含与其他功能空间处于同一建筑中的住宅部分)。我国住宅按层数划分为如下几类:

①低层住宅:1 层至 3 层;

②多层住宅:4 层至 6 层;

③中高层住宅:7 层至 9 层;

④高层住宅:10 层及以上。

此外,30 层以上及高度超过 100m 的住宅建筑称为超高层住宅建筑。

住宅建筑根据其结构形式的不同,可被分为砖木结构、砖混结构、钢混框架结构、钢混剪力墙结构、钢混框架一剪力墙结构、钢结构等类型。而从房屋的使用类型来看,则分为普通单元式住宅、公寓式住宅、复式住宅、跃层式住宅、花园洋房式住宅、小户型住宅(包括超小户型)等。随着人类文明的进步,住宅建设一直是社会发展不可或缺的部分。从最早的居住需求,主要解决避风雨的基本功能,到现代社会对于居住环境的高质量追求,住宅的功能已经发展到为人类提供舒适生活、与环境和谐相处以及满足艺术审美等多重需求。

进入 21 世纪,人们对居住环境的要求越来越高,追求的不仅仅是一个安全、舒适、便捷的居住空间,还希望能享受到由先进科技带来的便利和乐趣。因此,智能化住宅成为发展趋势。智能化住宅通过整合家用自动化设备、电器设备、计算机及网络系统,创造出一个安全、健康、经济、便利、服务周到的居住环境,旨在提升居住者的生活质量,并激发创造力。智能化住宅特别强调安全防卫、身体健康、家务自动化和文化娱乐的自动化等功能。

在智能化住宅的基础上发展起来的是智能化住宅小区,它以先进且可靠的网络系统为核心,通过网络连接住户和公共设施,并实现对居民生活、社区服务设施的计算机化管理。智能化住宅小区运用信息技术和智能技术,为居民提供高效的管理手段、安全的居住环境和便利的通讯娱乐设施,代表了建筑与信息技术的完美结合。

二、绿色住宅建筑的特点

在倡导节约型社会的大背景下,绿色住宅建筑成为住宅建筑界、工程界、学术界以及企业界极为关注的热门议题。"绿色"住宅建筑的宗旨在于实现节能、节水、节地和节材,旨在营造一个健康、安全及舒适的生活环境。绿色住宅建筑的主要特征包括:

（一）环境影响最小化

绿色住宅建筑应充分体现节能环保的理念,包括在小区建设中充分利用绿色能源如太阳能、风能、地热能及废热资源等,并在使用常规能源时进行系统优化。在保证节地原则的同时,提高土地使用效率及住宅的有效使用面积和耐用年限,注重水资源的节约和循环利用,并尽量采用可循环利用和再生材料,从而节约各种不可再生资源。

（二）生态性

绿色住宅建筑与大自然之间形成一种相互作用的统一体,既在其内部也在其与外部的联系中展现出自我调节的能力。设计、施工和使用阶段均应尊重生态原则,保护环境,并在环保、绿化、安居等方面维护良好的生态环境。通过优选绿色建材、物质利用和能量转化以及废弃物的管理与处置等措施,保护环境免受污染,这些措施体现了生态性原则。

（三）健康的居住环境

绿色建筑强调健康性,这是其重要特征之一。通过选择绿色建材,以人的居住健康为导向,推动住宅产业化发展。创建既符合人类社会发展需求又能满足人们对健康、环保、安全居住环境的多层次需求的文明新家园。2001年,中国建设部发布了《健康住宅建设技术要点》,明确指出人居环境健康性的重要性,并提出了确保健康环境的具体措施和要求,为构建健康住宅指明了方向。

（四）强调可持续发展理念

绿色住宅通过融合创新、普及和具有倍增效应的信息技术,提升住宅科技水平。例如,实施中水回用和雨水收集系统,使用节水产品;运用太阳能和风能为居民供应生活热水、供暖和电力;采纳节能家电(包括空调)与高效率智能照明系统;在住宅小区内采取措施节约能源和资源,涵盖污水处理与回收、小区绿化保护等;运用计算机网络技术、数字化、多媒体技术创建数字社区,以便居民全面享受由现代科技带来的便利。

(五)不牺牲生活品质

绿色住宅建筑的环保和节能措施并不以牺牲居民的舒适度和生活品质为代价。这类建筑虽不必豪华,但应满足基本的住宅功能,为居民创造一个舒适的生活环境,提供高品质服务。它不仅要保障室内空间的"健康、舒适、安全",还应创造和谐的室外环境,与周边的生态和社会环境和谐相融。

(六)绿色建筑与智能住宅紧密结合

在节能和环保方面,智能建筑也被认为是生态智能建筑或绿色智能建筑。生态智能建筑在创建适宜人居的空间环境的同时,还需保护周围的自然环境,实现人、建筑和自然的和谐共生,确保"安全、舒适、便捷、节能、环保"的居住条件。

三、绿色住宅建筑的设备与设施

绿色住宅建筑中诸多的设备与设施通过科学的整体设计和相互配合,实现高效利用能源、最低限度地影响环境,达到建筑环境健康舒适、废物排放减量无害、建筑功能灵活经济等多方面目标。

(一)住宅绿色能源

在住宅小区规划和设计中,绿色能源的应用包括太阳能、风能、水能和地热能等多种形式。通过利用这些可再生能源,可以有效降低对非可再生能源的依赖,并减少能源消耗过程中可能产生的环境污染。因此,在小区的能源系统规划时,应深入分析各种能源的适用性和效益,根据具体地理、气候等条件,科学选择最优的能源结构方案。

(二)水环境

绿色住宅建筑中的水环境系统,包括了中水系统、雨水收集利用系统、给水系统、管道直饮水子系统、排水系统、污水处理系统、景观用水系统等,旨在节约水资源并防止水污染。其中,小区的管道直饮水子系统指的是通过深度处理,使自来水达到直饮水标准,并通过一个独立且封闭的循环管网供居民直接饮用的系统。这一系统中的设备、管材及配件须无毒、无味、耐腐蚀且易于清洗。排水系统涵盖了小区内的污水收集、处理和排放设施,生态小区特别强调采用雨污分流的方式处理排水;污水处理系统则负责将小区内的生活污水收集、净化至达标后排放,其处理工艺根据水量及水质要求来确定;中水系统是指将住宅的污废水收集、处理后,使之达到一定的水质标准,以便于非饮用目的的重复使用;雨水系统则是收集并处理小区建筑物屋面和地面的雨水,使之达到一定的水质标准后可供重复使用;景观用水系统主要包含水景工程所需的各种用水,如池水、流水等,并设有水净化设施和循环系统以节约用水。

(三)空气环境

绿色住宅建筑在空气环境管理方面,注重室外与室内的大气质量。要求住宅小区的室外空气质量符合国家规定的二级标准,通过对悬浮颗粒物、飘尘、一氧化碳、二氧化碳、氮氧化物、光化学氧化剂等污染物的浓度进行定期的采样与监测。室内环境方面,推崇自然通风方式,保障80%以上的房间能够进行室内外空气的自然流通。特别是卫生间和厨房等特殊空间,要安装有效的通风换气装置和煤气排放系统。同时,在室内装修时,选择环保性材料至关重要,以避免装修材料中的挥发性有害物质污染室内空气。

(四)声环境

声环境的管理是为了降低室内外噪声影响,确保室外白天和夜间噪声分别不超过45dB和40dB,室内白天和夜间噪声分别控制在35dB和30dB以下。如需降噪,可通过建造隔声屏障或种植树木等人工措施来减轻噪声,室内通过加强外墙和窗户的隔音处理,以及选用隔音性能良好的门和地板材料。

（五）光环境

光环境管理着重于最大化自然光的利用，减少光污染。住宅设计时，窗户与地面的比例应适当，以保障室内有足够的自然光照，同时采取节能照明措施，如声控或定时的公共照明系统。室外照明设计应考虑环保和效果，使用节能灯具，合理布置各种灯具，创造一个多样化、温馨的室外照明环境。

（六）热环境

在住宅建筑中，采暖、空调及热水供应系统的设计应侧重于利用太阳能、地热能等可再生能源，以实现能源的高效利用和环保目标。建议采用综合技术方案，如采暖、空调、生活热水的三联供系统，以提升能效。冬季，建议室内温度维持在 $18 \sim 22℃$，而夏季空调温度应控制在 $22 \sim 27℃$，确保室内温差不超过 $4℃$，同时，采暖和空调设备的室内噪音应控制在 30dB 以内，以保证居住的舒适性。

对于集中采暖系统，应尽量采用太阳能、风能、地热能或者废热等可再生能源作为热源，同时，系统设计应能够实现按房间进行温度调节和分户计量，建议设置智能化的计量收费系统，提高能源使用的透明度和公平性。

对于分户独立采暖系统，也应优先考虑清洁能源，尤其是在适宜地区，太阳能可作为主要热源之一。在使用燃气采暖时，应采取措施避免对空气造成污染。利用热泵机组进行采暖时，需要配备辅助热源确保系统的可靠运行。若采用电热采暖，应考虑结合太阳能等辅助能源以提高能效。若地区内存在废热资源，建议采用低温热水地板辐射采暖系统。

在集中空调系统设计中，应充分考虑余热回收利用，提高能源使用效率。新风系统的设计应确保新风进口远离污染源，以保障室内空气质量。

（七）微电网控制

针对可再生能源开发利用的局限性，其容量较小且存在间歇性，最适合在本地区域内进行开发和应用，主要作为补充能源供给住宅负载。从能源管理的角度考虑,能源生产的地点理应尽可能接近使用者,这样可以有效降低输送过程中的能源损耗和成本,同时也增加了能源供应的稳定性和可靠性。

为了优化可再生能源的利用,可在特定区域内建立局域微电网系统。这样的系统能将风能、太阳能等多种形式的可再生能源通过转换后得到的电能,在一个独立的微电网中进行统一的调度和管理,保证能源供应的连续性和可靠性。

局域微电网通常连接在小区低压供电侧,介于供电系统与用户负载之间。当微电网内部产生的电量无法满足需求时,可以通过市政电网进行补充供电,保证电力供应的连续性。与传统依赖大量蓄电池存储能源的系统不同,微电网更注重于通过高效的负载管理和调控功能来实现能源的最优化使用,减少对存储设备的依赖,提高系统的经济性和环境友好性。

(八)垃圾处理设施

随着城市化的加速发展,城市垃圾的产生量急剧上升,如何实现垃圾的减量化、资源化和无害化成为推进循环经济发展的关键任务。在住宅建筑中产生的生活垃圾中,有大量的物质可以进行回收和再利用,例如有机物、废纸、废塑料等,这些都是资源化利用的宝贵原料。通过对垃圾进行分类,根据其来源、是否可以回收以及处理的难易程度,可以有效地将可回收或可再生材料进行回收处理,以便再次投入生产使用。

为了处理绿色住宅建筑中产生的垃圾,需要建立完善的垃圾收集、运输及处理系统。在规模较大的住宅区,可以考虑配备有机垃圾的生化处理设备,利用生化技术(即利用特定的微生物菌株,通过快速发酵、干燥和脱臭等过程)来处理有机垃圾,快速实现垃圾的减量化、资源化和无害化,有效地解决生活垃圾带来的环境问题。这种方法不仅能够减少垃圾填埋和焚烧所带来的环境污染,还能够将垃圾转化为有价值的资源,促进资源的循环利用,符合绿色住宅建筑的环保和可持续发展理念。

（九）住宅绿色物业管理

绿色住宅的运行管理，在继承传统物业服务优势的基础上进行优化和升级，强调以人和可持续性为核心的发展理念。它涉及建筑全生命周期的管理，旨在通过采纳适当的技术和先进技术手段，达到土地、能源、水资源和材料的节约使用，同时保护环境的双重目标。有效的绿色住宅运营管理策略和目标，需要在项目规划和设计阶段就明确制定，并在项目运营过程中实施，通过持续的维护和不断的改进，确保绿色住宅项目能够实现其既定的环保和节能目标，同时提供舒适、健康的居住环境，确保居民的生活品质。

（十）智能化系统

绿色智能建筑作为应对环境恶化、追求社会可持续发展和改善人居环境的重要措施，已成为现代建筑发展的必然趋势。智能化技术在住宅建筑中的应用旨在推动环保、节能与生态目标的实现，例如，通过采纳绿色能源技术减少传统能源依赖，实现对污染物的智能监控和报警，以及提升火灾预防和安全防护的技术水平。智能化系统不仅能为居民营造一个安全、舒适、便捷的居住环境，而且能在最大程度上降低环境影响、节约资源和减轻污染。在绿色小区的建设中，各类智能系统的规划和布置需要与整个小区的建设目标和规划紧密结合，确保智能化设施能够有效发挥作用，从而充分体现绿色智能建筑的综合价值。

四、绿色住宅建筑中的智能化应用

绿色建筑与智能化住宅紧密相连。在节能、环保和生态方面，智能化建筑必然是绿色的生态建筑。智能化技术不仅是实现绿色建筑中诸如节电、节水和自然能源利用等措施的技术支持，而且还是绿色建筑性能提升和价值增加的关键。通过智能化系统，绿色建筑能够获得丰富的运行数据，优化其性能，提升整体效益。

智能建筑的核心目标在于在创造舒适环境和提供高质量服务的同时，极大地节约能源。探讨如何利用高科技手段进行能源节约和污染降低，是智能建筑领域的长期课题。从某种程度上来讲，智能建筑也可以被看作是生态智能建筑或绿色智能建筑。智能化不仅推动了绿色建筑的发展,还促进了新能源技术的应用,减少了资源的消耗和浪费,降低了污染,这既是智能化建筑发展的方向,也是实现绿色建筑目标的重要手段。

绿色建筑的智能化是一个包含广泛技术、复杂设备和交错网络的系统工程。所谓的智能化系统,指的是构建绿色智能住宅小区所需配备的各种系统,涵盖了众多子系统和更为细化的分支系统。

(一)综合能源监测系统

包括太阳能和风能发电监控、配电调节以及智能家电用电调节子系统。该系统旨在实时调控各类绿色能源的产出与分配,确保系统的稳定运作,同时对家用电器实施智能节能控制。

(二)居室环境智能调节系统

旨在满足绿色建筑的气候与温湿度要求,通过高精度控制器对室内空气品质进行动态调整,包含空调、采暖、太阳能热水以及自然通风和光照管理等功能。

(三)智能水质管理系统

专门针对水资源的智能监控,涵盖生活用水、直饮水、雨水回收利用、循环用水及污水处理等多个子系统,旨在节约水资源,确保水质安全。

(四)全面信息网络系统

整合国际互联网、电信网络和卫星通信,提供远程医疗、教育、电子商务等服务。系统包括计算机网络、通信网络和有线电视网络,同时配备楼宇自动化管理网络,以适应系统整合需求。

(五)全方位安全防护系统

采用现代信息技术和微电子技术,为大厦或住宅区提供全天候的安全保障,涵盖火灾预防、监控、防盗报警、门禁控制及家居安全监控等多个方面。

(六)家庭智能化系统

满足现代家居的智能需求,支持宽带网络接入,具备火灾报警、煤气泄漏警告等安全监控功能,并实现远程控制家电,包括冰箱、空调等,通过网络摄像头实时监控家中状况。

第三节　绿色工业建筑的智能化

一、工业建筑及其分类

工业建筑是专门为工业生产活动设计和建造的场所,其类型多样,既包括轻重工业生产的工厂和车间,也包含各种生产辅助设施。这类建筑遍及各种工业领域,根据生产需求的不同,可分为不同类别和规模。

根据建筑层次,工业建筑主要分为以下三种类型:

第一,单层工业厂房,这类厂房主要适用于重工业制造,如重型机械生产,因其需要承载大型设备,通常采用水平布局的生产线。

第二,多层工业厂房,适合于轻工业制造,如电子产品和化纤生产。这类厂房的设备相对轻便,结构多为钢筋混凝土框架,楼层高度一般为 4 到 5 米,采用电梯进行垂直运输,并常使用无梁楼盖体系提升空间利用效率。

第三,混合层次厂房,主要用于化工行业,如热电厂和化工厂等,结合了单层和多层厂房的特点,以满足特定生产流程的需求。

自 18 世纪末期英国首次出现工业建筑起,此类建筑随着工业革命的进步在美国和欧洲一些国家广泛建立。苏联在 20 世纪 20 至 30 年代,中国在 50 年代,开始大规模地进行工业建筑的建设。工业建筑从一开始就紧跟工业革命的步伐,体现了新技术成果、新材料、空间结构体系和工业化施工方法等,成为展示时代进步和科技发展的重要载体。随着技术进步和产业变革,现代工业建筑不仅仅是生产活动的场所,更成为展现企业形象和文化的重要标志。现代工业建筑需要满足生产、技术、艺术、环境和空间等多方面的要求,并将其有机整合,形成独特的建筑风格。

随着工业技术的迅速发展,工业建筑面临着产品更新换代的频繁和生产体制的变革,导致厂房向大型化和灵活性两极化发展。工业建筑的主要特点包括：

第一，适应工业化要求，推动结构轻型化、高强度化；

第二，适应机械化、自动化运输，优化产品运输效率；

第三，提高厂房的工作条件，以适应高精尖产品生产需求，如采用无窗全空调厂房；

第四，适应专业化生产，通过工业园区的方式进行集中规划设计；

第五，应对生产规模扩大，出现多层厂房和工业大厦；

第六，提高环境质量，注重环境保护和污染物处理，成为设计的重要部分。

工业建筑随着生产技术的进步和社会需求的变化不断演化，从而体现了工业建筑在不断进步中的时代特征和科技成就。

二、绿色工业建筑的特点

绿色建筑设计理念在工业建筑领域得到广泛应用，许多产业基地的设计显著反映了工业建筑注重人本、持续发展及生态保护的基本属性。这种设计强调从内部到外部的逻辑结构与组合，积极采纳新兴技术和材料，打造简约而明朗的建筑形态，展现出现代工业时代的特色。

绿色工业建筑在工业建筑的全寿命周期内，最大限度地节能、节地、节水、节材，保护环境和减少污染，为生产、科研人员提供适用、健康安全和高效的使用空间，是与自然和谐共生的工业建筑。绿色工业建筑具有如下特点：

（一）注重可持续发展，尊重自然

为了保障自然生态的平衡，减少人类活动对环境的负面影响，绿色工业建筑设计强调在保护生态、节约自然资源与能源方面的努力，旨在提高建筑资源与能源的使用效率。这样的工业建筑旨在保障工作人员的身心健康，最大程度上减少环境污染，采用可持久、可循环使用的环保建材,广泛利用清洁能源,并通过加强绿化改善环境质量。

可持续发展的工业建筑设计包括但不限于以下几个方面:

1. 绿色设计

从选择原材料、生产工艺、产品及其设备到能源利用和废物回收的每一个环节,均应确保对环境的最小威胁。此外,绿色设计还应该避免单纯追求高科技,而是将高科技和适宜技术相结合,实现技术的最佳应用。

2. 节能设计

作为可持续发展工业建筑的核心特征,节能包括建筑运营的能耗低和建筑过程本身的能耗低两个方面。这一目标可以通过利用太阳能、优化自然采光和应用新型产品来实现。

3. 洁净设计

指在生产和使用过程中尽量减少废弃物和污染物的排放,并建立废弃物处理及回收利用系统,实现生产过程的无污染。洁净设计不仅是工业建筑可持续发展的关键措施,也强调了对用地、建材、能源等资源的节约和循环利用。

通过上述措施,绿色工业建筑旨在高效利用资源和能源,建设生态意识强、负责任的工业设施,推动技术有效性与生态可持续性的和谐发展。

(二)保证良好的生产环境

工业建筑设计首要考虑满足生产过程的具体要求,同时也需确保:

1. 良好的采光与照明

通常,工业厂房依赖自然光源,但面临采光均匀性问题。例如,纺织厂的高精度加工区域多采用自然光,但需避免直射阳光。若自然光照不足以满足需要,应适当增加人工照明。

2.优良的通风条件

自然通风的设计需充分了解厂房内热源分布及当地气候状况，合理规划通风通道。对于那些散发大量热量或粉尘的生产区域（如铸造车间），特别要确保良好的通风。

3.噪声控制

除了常规降噪措施，也可以通过设置隔音间来降低噪声影响。

4.特殊工艺要求的满足

对于需要特定温度、湿度、洁净度、无菌环境、抗微振、电磁屏蔽或防辐射等条件的生产区域，必须在建筑布局、结构设计及空调系统等方面采取专门措施。

5.整体环境设计

应综合考虑厂房内外的整体环境设计，如色彩搭配与绿化布局，以营造宜人的工作环境。

（三）空间和使用功能应适应企业发展的变化

建筑设计应追求包容性，功能设计需体现综合性，使用过程中展现出灵活性、适应性及扩展性。绿色工业建筑通过其独特的技术和艺术形式，传达现代生态文化的深层含义及审美理念，旨在营造一个自然、健康、舒适的环境，同时融入传统地方文化的精髓与现代风貌，创作出富有艺术氛围的建筑环境。

（四）提高能源利用效率

工业建筑在其生命周期全阶段应有效利用资源，包括能源、土地、水和材料。生命周期覆盖从原材料提取、建筑设计、施工、运维，到最终拆除和回收的整个过程。初始阶段低投资并不代表总成本最低。为提升建筑性能，初期可能需增加投资，但通过全寿命周期成本计算，这将在稍增初期成本的同时显著降低长期运维费用，进而降低整个生命周期的总成本，同时带来显著的环境效益。根据现有经验，初期成本增加5%到10%用于采纳新技术和新产品，可节约50%到

60％的长期运营成本。此外,绿色工业建筑的设计初期应邀请采暖、通风、采光、照明、材料、声学、智能化等多领域专家参与,倡导项目前期实施跨学科的"整体设计"或"协同设计"理念,确保达成节能环保的建设目标。

（五）注重智能化技术的应用

目前,建筑智能化讨论主要集中在民用建筑上,然而,在生产高新技术产品的现代化工厂和实验室等工业建筑中,智能化系统的应用也极为广泛。工业建筑智能化在某些方面与民用建筑智能化相似或相同,但也有其独特的特点。由于工业建筑的范围广泛,需求各异,如何满足生产环境的需求、满足动力条件要求、确保工厂的安全、高效、可靠及经济运行,保障产品的成品率和可靠性、延长产品寿命并达到设计产量,成为工业建设的核心目标。为实现这些功能和技术要求,所采用的智能化系统必须采用成熟、实用、可靠且先进的技术和产品,并需具备开放性、可扩展性、可升级性和兼容性。

三、绿色工业建筑的设备与设施

工业建筑在设计及建设时,应贯彻执行国家在工业领域对节能减排、环境保护、节约资源、循环经济、安全健康等方面的规定与要求。当前,大量的新设备、新工艺、新技术的研究和应用为实现工业建筑绿色化提供了丰富的手段。

（一）空调及冷热源

国内的工业建筑普遍面临中央空调系统能耗高的问题。能耗主要来自两个方面:一是供应空气处理设备的冷热源,包括制冷机的电耗、吸收式制冷机的蒸汽或燃气消耗、锅炉的能源消耗等;二是风机和水泵在空调循环中的电能消耗。为此,提高工业建筑空调系统的能效需从以下几方面着手:提升建筑保温性,合理设定室内环境参数,控制室外新风使用,以减少冷热负荷;通过降低冷凝温度、提高蒸发温度和制冷设备的选择,以提升冷源效率;通过降低系统阻力、提升水泵效率、优化水流量和采用变频水泵等手段,以减少水泵电耗;以及定期维护系统,清洗过滤器,检查系统运行状态,降低风机能耗等。

空调系统的自动化控制也是降低能耗的有效手段。很多工业建筑的空调系统或缺乏自动控制,或由于长时间未维修而停用,导致系统效率低下。尤其是大型工业建筑,面对众多空调、新风机组和水泵等设备的运行管理,简单的自动启停控制即可显著节约能源。

(二)建筑用水

工业用水主要分为冷却水、热力及工艺用水和洗涤用水等几大类。其中,冷却水占工业用水的大部分,约80%,在工业取水中占比约30%到40%,因此提升冷却水效率是节水关键。热力和工艺用水涵盖了锅炉给水、蒸汽、热水等,仅次于冷却水的用水量。洗涤用水则涉及产品洗涤、设备清洁等。促进工业用水循环再利用、提高水利用效率是降低工业用水消耗的核心措施。

为了有效节约工业用水,还需强化用水量的精确管理和系统应用,包括安装计量水表、控制仪表,推行用水和节水的计算机化管理及数据库构建,并鼓励开发与生产先进的工业用水计量设备。这些设备包括新型计量水表、限量水表以及实现限时控制、水压调节、水位监测和水位传感控制的仪表等。

(三)动力与照明

工业建筑在电气设计上与民用建筑存在明显区别,通常表现在其单层建筑高度较大、空间较宽敞以及动力负荷相对较重的特点。在设计过程中,需要充分考虑高压气体放电灯的照明需求、电线路的明确布局、动力设备的电力分配及电动机控制等关键因素。特别是对于工业设备用电,这通常属于动力电类,需外部独立引入电源,并为之预留充足空间。

在工业建筑设计中,根据特定的功能需求和视觉工作要求选择恰当的照明设备和方式是营造节能且效果良好的室内光环境的关键。照明设备和光源的挑选直接影响到能源使用效率。例如,在采用荧光照明时,选择适当类型的荧光管可以降低功率密度,从而实现节能。对于工业厂房而言,常见的照明选择包括荧光灯光带(槽式灯)或气体放电灯具,一般采用普通照明与局部照明相结合的方式。

(四)除尘

工业建筑的除尘系统是一套专门设计用于捕捉和清除生产过程中产生的粉尘的机械排风设备系统,广泛应用于冶金、机械、建材和轻工业等行业,涉及转炉、回转炉、铸造、水泥生产和石棉等生产环节。该系统主要由排尘罩、通风管道、风机、除尘装置及粉尘收集和输送设备组成。其运作流程包括:使用排尘罩捕获含尘气体;风机帮助将含尘气体通过通风管道送至除尘装置;在除尘装置内,通过物理或化学手段将粉尘从气体中分离;将净化后的气体排放至大气;并对收集的粉尘进行处理。

为确保除尘系统高效运行且避免二次污染,收集的粉尘需得到妥善处理。在某些案例中,可以采用传感器直接控制设备,实现除尘系统的自动化管理,优化系统性能。

四、办公自动化系统(OAS)

办公自动化结合了现代办公方式和计算机网络技术,通过互联网或局域网,以计算机作为核心,运用先进的办公设备和通信技术,对信息进行收集、处理、存储和利用,实现了内部信息的共享与人员间的协作,从而提升了行政管理效率,为科学决策提供了支持。

办公自动化系统主要提供七大功能:

①建立内部通讯平台,促进员工间的沟通与联系;

②设立信息发布平台,简化信息发布和传播流程;

③自动化工作流程,通过系统自动控制工作的执行过程;

④文档管理自动化,实现文档的创建、存储、查询和归档等功能;

⑤提供辅助办公工具和应用,比如日程安排和会议管理;

⑥信息集成,对来自不同来源的信息进行统一处理;

⑦支持分布式办公,使得员工可以在不同位置工作。

在选择技术时,应优先选用标准化和开放性高的办公自动化技术,对于关键应用可以考虑自主开发。技术架构方面,正逐步从客户端/服务器(Client/Server)结构向浏览器/服务器(Browser/Server)结构转变,即将应用程序部署在服务器上,用户通过浏览器进行访问,这样做可以统一用户的访问入口,简化系统的使用和维护。

五、无线射频自动识别技术(RFID)

RFID 技术是一种无须接触的自动识别技术,利用射频信号实现目标对象的识别和数据获取,适用于各种环境。它具有高效识别、多标签同时识别的特点,被广泛运用于物体控制、检测和跟踪。在工业建筑中,RFID 技术在停车管理、危险品管理和仓库管理等方面发挥着重要作用。通过 RFID 技术实现车辆通行的无停车识别和管理,可以降低停车排队时间、减少能源消耗和尾气排放,达到节能环保的目的。同时,对危险品信息进行统一采集管理,可以有效分类和防范安全事故。在仓库管理方面,利用 RFID 技术可以降低管理人员的工作强度,提高管理效率,减少安全风险和物资浪费,促进绿色生产。

六、信息集成管理系统

绿色工业建筑智能化管理的核心在于实现信息一体化的集中管理。通过集成管理系统,将智能建筑中的各个子系统整合成一个有机的系统,确保接口界面标准化、规范化,以便完成各子系统之间的信息交换和通信协议转换。这样的集成管理系统能够实现设备管理、节能效率统计、联动管理、节能监视等功能,最终实现集中监视控制与综合管理的目标。经过管理平台集成后的系统,并非简单地将各系统叠加在一起,而是将各子系统有机结合,统一运行于同一操作平台之下,从而提升系统的服务和管理水平。

第四节　绿色建筑智能化技术的发展趋势

在推崇低碳城市生活方式与营造绿色建筑模式的时代,建筑智能化系统发展日益呈现出建筑设备监控以节能为中心、信息通信以三网融合与物联网应用为核心和安全防范以智能处理为重心的三大特征,而建筑智能化技术也正与最新的 IT 技术形成互动发展。

一、绿色建筑智能化系统的三大特征

（一）建筑设备监控以节能为中心

在绿色建筑工程中,选用高效节能的设备虽然已成为标准做法,但其实际效果需通过运行数据来评估。通过能耗监测的实时和历史数据,无论是新建建筑还是既有建筑,都可以对设备运行状态进行诊断,评估能耗水平,调整设备系统的运行参数,从而避免能源浪费。这些能耗数据也可用于制定既有建筑及其设备系统改造方案,不断提升建筑物的能效。

绿色建筑采用各种智能控制系统,如区域热电冷三联供系统、冰蓄冷系统、最优控制方式以及智能呼吸墙等,以降低能耗。智能控制策略正在绿色建筑中得到广泛应用,例如利用自然能量来采光、通风,以及智能调节装置对泵类设备进行能量控制等。

此外,绿色建筑还积极融合可再生能源和建筑物的供配电系统,以及城市电网,致力于提高城市电网的安全性和可再生能源的使用比例。尽管规模化的发电系统仍是城市的主要能源来源,但智能微网试图将小规模的可再生能源装置与规模化发电系统结合,逐步提高可再生能源的使用比例。

总之,在绿色建筑工程中,智能监控的主要目标是节省用能,减少不可再生能源的消耗,因为每节省 1 度电,就能减少约 0.8kg 二氧化碳的排放。

（二）以三网融合和物联网应用为核心的信息服务

以三网融合和物联网应用为核心的信息服务在绿色建筑领域发挥着重要作用。三网融合涵盖了电信网、有线电视网和互联网，将它们整合为一个统一的网络，为用户提供更便捷、高效的通信服务。而物联网应用则通过智能设备和传感器实现设备之间的互联互通，实现智能化管理和智能决策。这两者的结合为绿色建筑提供了全方位、智能化的信息服务。

在绿色建筑中，三网融合和物联网应用为建筑提供了智能化的管理和控制系统。通过整合电信、有线电视和互联网等网络资源，绿色建筑可以实现智能安防监控、智能能源管理、智能环境监测等功能。例如，利用网络摄像头和传感器实时监测建筑内外环境，及时发现异常情况并采取相应措施。同时，利用三网融合技术，绿色建筑可以实现远程监控和操作，提高建筑的安全性和便捷性。

另外，三网融合和物联网应用还可以为绿色建筑提供智能化的能源管理服务。通过连接智能电表、智能照明系统等设备，实现对建筑能耗的实时监测和调控，优化能源利用，降低能源消耗。例如，根据建筑内外环境和人员活动情况智能调节照明和空调系统，提高能源利用效率，降低能源浪费。

此外，三网融合和物联网应用还可以为绿色建筑提供智能化的服务。通过连接智能家居设备、智能健康监测设备等，实现对居住者生活和健康状态的监测和管理。例如，智能家居设备可以实现远程控制和定时控制，提高居住者的生活舒适度和便捷性；智能健康监测设备可以实时监测居住者的健康指标，及时发现异常情况并提供预警和建议。

（三）智能处理安全事务

在社会和谐与安全社区的背景下，消防工程和安防工程已成为公共、工业和住宅建筑的标准配置。随着建筑规模的扩大和人口流动性的增加,消防和安防装备的技术水平受到越来越多的关注,以因应可能出现的各类突发事件。

传统的安防系统主要包括视频监控和防盗报警系统。为了提升这些系统的性能,智能传感技术得到了广泛应用,例如在低照度环境下工作的 CCD、生物特征探测器和微量元素探测器等。随着探测信息的增加,各种智能分析系统也应运而生,如移动人体分析、面部比对分析、街景分析、区域防范分析、车辆识别、人流密度分析等应用。

为提升火灾自动报警系统的性能和工作效率,火灾探测器也取得了巨大的技术进步。一方面是采用视频遥感、光纤传感等新技术采集火灾信息,另一方面是在传统的火灾探测器上植入 CPU,增加智能识别程序,使其具备更高的智能化水平。

大多数建筑物和城市区域都设有消防控制中心,配备了火灾自动报警系统和安防系统。这些系统在常态下独立运作,但在突发事件时则自动构成应急指挥中心,进行信息研判和资源调度。综合信息交换平台、综合通信平台、信息集成管理平台和综合显示平台等系统的应用,构成了完整的应急指挥系统,提高了应急处理效率。

(四)基于 IT 新技术的建筑智能化技术的发展

随着信息技术(IT)的迅猛发展,建筑智能化技术正在迎来一个全新的发展时代。这些新技术的应用不仅提高了建筑物的效率和便利性,还为人们的生活和工作带来了更多可能性。以下是基于 IT 新技术的建筑智能化技术的主要发展方向和应用领域:

1. 物联网(IoT)技术

物联网技术的应用正在改变着建筑行业的发展模式。通过在建筑物中部署各种传感器和设备,可以实现对建筑内部和外部环境的实时监测和控制。这些传感器可以收集各种数据,如温度、湿度、光照、能耗等,然后通过互联网将数据传输到中央控制系统,从而实现对建筑物的智能化管理和优化运行。例如,智能家居系统可以根据家庭成员的生活习惯和环境条件自动调节室内温度、照明和安全系统等。

2. 大数据分析

大数据技术的应用为建筑智能化提供了更加精准和高效的解决方案。通过对大量数据的收集、存储和分析,可以发现建筑物运行中存在的问题和潜在的优化空间,并提出相应的改进措施。例如,利用大数据分析技术可以对建筑能源消耗进行精细化管理,实现能源利用的最大化和能耗的最小化。

3. 人工智能(AI)技术

人工智能技术的应用为建筑智能化带来了更加智能和自动化的管理方式。通过机器学习和深度学习等技术,可以让建筑系统更加智能化和自适应。例如,智能建筑系统可以通过学习用户的行为和偏好,自动调节室内环境和设备运行模式,提供更加个性化和舒适的使用体验。

4. 云计算技术

云计算技术的应用为建筑智能化提供了更加灵活和高效的解决方案。通过将建筑系统和数据存储在云端服务器上,可以实现对建筑物的远程监控和管理,使用户可以随时随地通过互联网访问建筑系统并进行控制。这种方式不仅提高了建筑系统的可靠性和安全性,还节省了维护和管理的成本。

5. 虚拟现实(VR)和增强现实(AR)技术

虚拟现实和增强现实技术的应用为建筑设计、施工和维护提供了全新的手段和工具。通过使用 VR 和 AR 技术,设计师可以在虚拟环境中进行建筑设计和模拟,施工人员可以通过 AR 眼镜实时获取建筑信息和施工指导,维护人员可以通过 AR 技术进行建筑设备的维修和保养。这些技术的应用不仅提高了建筑行业的工作效率,还提升了建筑项目的质量和安全性。

综上所述,基于 IT 新技术的建筑智能化技术正在为建筑行业带来巨大的变革和发展机遇。随着技术的不断进步和应用场景的不断拓展,建筑智能化技术将在未来发挥越来越重要的作用,为人们的生活和工作带来更多便利和可能性。

二、绿色建筑智能化发展前景

绿色建筑智能化是指在建筑设计、建设和运营管理过程中,充分利用信息技术、物联网技术、大数据技术等先进技术手段,实现建筑物的高效、节能、环保和智能化管理。随着全球环境问题日益突出,绿色建筑智能化正成为建筑行业的发展趋势和未来方向。以下是绿色建筑智能化发展的前景展望:

(一)能源管理与节能减排

绿色建筑智能化系统可以实时监测和控制建筑内部各种设备的能耗情况,通过智能调节和优化,实现能源的高效利用和节能减排。例如,智能照明系统可以根据室内环境和光照情况自动调节照明亮度和开关状态,减少能源浪费;智能空调系统可以根据室内温度和人员活动情况自动调节温度和风速,提高能源利用效率。通过这些措施,可以有效降低建筑物的能耗和碳排放,实现绿色环保的目标。

(二)智能建筑设施管理

绿色建筑智能化系统可以实现对建筑内部设施和设备的远程监控和管理,包括空调、照明、安防、消防等设备。通过集成管理系统,可以实现设备运行状态的实时监测、故障预警和远程控制,提高设备的可靠性和运行效率。例如,智能消防系统可以实现火灾自动报警、消防设备自动启动和灭火系统远程控制,提高火灾应对的效率和安全性。

(三)舒适性与健康性提升

绿色建筑智能化系统可以实现对建筑内部环境的智能调节和优化,提高建筑物的舒适性和健康性。例如,智能通风系统可以根据室内空气质量和人员活动情况自动调节通风量和换气频率,保持室内空气清新和舒适;智能湿度控制系统可以根据室内湿度情况自动调节湿度和排湿量,防止室内潮湿和霉菌滋生,提高室内环境的舒适性和健康性。

（三）智能建筑运营管理

绿色建筑智能化系统可以实现对建筑运营管理的智能化和自动化。通过大数据分析和智能算法,可以对建筑内部各项运营数据进行实时监测和分析,发现问题和潜在风险,并提出相应的改进和优化措施。例如,智能建筑管理系统可以通过大数据分析,优化建筑物的运营计划和维护策略,延长设备的使用寿命和减少维护成本,提高建筑物的运营效率和管理水平。

（四）智能城市与生态环境

绿色建筑智能化系统可以与智能城市建设相结合,实现对城市环境和资源的智能管理和优化。通过智能建筑系统和智能城市系统的互联互通,可以实现对城市能源、交通、环境和公共服务等方面的综合管理和协同控制,实现城市的可持续发展和生态平衡。例如,智能建筑系统可以与智能交通系统相连,实现对建筑物和交通流量的智能调节和优化,减少能源消耗和交通拥堵,改善城市环境和居民生活质量。

综上所述,绿色建筑智能化发展前景广阔,将为建筑行业的可持续发展和生态环境的改善提供重要支撑和保障。随着技术的不断进步和应用场景的不断拓展,绿色建筑智能化将在未来发挥越来越重要的作用,成为建筑行业的主要发展方向和核心竞争力。

参考文献

[1]高玉环,谢崇实,高露.绿色建筑与建筑节能[M].北京:北京理工大学出版社,2024.

[2]陈浩.绿色建筑施工与管理 2023[M].北京:中国建材工业出版社,2024.

[3]赵本明.建筑工程建设与绿色建筑施工管理[M].长春:吉林科学技术出版社,2023.

[4]易嘉.绿色建筑节能设计研究与工程实践[M].哈尔滨:哈尔滨出版社,2023.

[5]刘秋新.绿色建筑及可再生能源新技术[M].北京:化学工业出版社,2023.

[6]高露,石倩,岳增峰.绿色建筑与节能设计[M].延吉:延边大学出版社,2022.

[7]张丽丽,莫妮娜,李彦儒.绿色建筑设计[M].重庆:重庆大学出版社,2022.

[8]吴凯,王嵩,李成.新时期绿色建筑设计研究[M].长春:吉林科学技术出版社,2022.

[9]展海强,白建国.可持续发展理念下的绿色建筑设计与既有建筑改造[M].北京:中国书籍出版社,2022.

[10]杨方芳.绿色建筑设计研究[M].北京:中国纺织出版社,2021.

[11]董卫国,宋技,齐雪妍.绿色建筑施工与管理[M].天津:天津科学技术出版社,2021.

[12]李琰君.绿色建筑设计与技术[M].天津:天津人民美术出版社,2021.

[13]张甡.绿色建筑工程施工技术[M].长春:吉林科学技术出版

社,2021.

[14]马红云,严益益,张庆忍.绿色建筑施工与质量管理[M].长春:吉林科学技术出版社,2021.

[15]杜涛.绿色建筑技术与施工管理研究[M].西安:西北工业大学出版社,2021.

[16]冯江云.绿色建筑施工技术及施工管理研究[M].北京:北京工业大学出版社,2021.

[17]张立华,宋剑,高向奎.绿色建筑工程施工新技术[M].长春:吉林科学技术出版社,2021.

[18]刘松石,王安,杨一伟.基于新时代背景下的绿色建筑设计[M].北京:中国纺织出版社,2021.

[19]侯立君,贺彬,王静.建筑结构与绿色建筑节能设计研究[M].中国原子能出版社,2020.

[20]史瑞英.新时期绿色建筑设计研究[M].咸阳:西北农林科学技术大学出版社,2020.

[22]王爱风,王川.基于可持续发展的绿色建筑设计与节能技术研究[M].成都:电子科技大学出版社,2020.

[23]田杰芳.绿色建筑与绿色施工[M].北京:清华大学出版社,2020.

[24]李霞,刘闪闪,李建.绿色建筑与节能工程[M].北京:中国原子能出版社,2020.

[25]郭颜凤,池启贵.绿色建筑技术与工程应用[M].西安:西北工业大学出版社,2020.

[26]石斌,董琳,张晓红.绿色建筑施工与造价管理[M].长春:吉林科学技术出版社,2020.

[28]刘存刚,彭峰,郭丽娟.绿色建筑理念下的建筑节能研究[M].长春:吉林教育出版社,2020.

［29］曹宝飞.绿色建筑经济评价方法与体系研究［M］.长春:吉林教育出版社,2020.

［30］贾小盼.绿色建筑工程与智能技术应用［M］.长春:吉林科学技术出版社,2020.

［31］王婷婷.绿色建筑设计理论与方法研究［M］.北京:九州出版社,2020.

［32］张东明.绿色建筑施工技术与管理研究［M］.哈尔滨:哈尔滨地图出版社,2020.

［33］姜立婷.现代绿色建筑设计与城乡建设［M］.延吉:延边大学出版社,2020.

［34］董晓琳.现代绿色建筑设计基础与技术应用［M］.长春:吉林美术出版社,2020.